FERNANDO HERRERA ÁLVAREZ

=======================================

ESTUDIOS DEL MÁS ALLÁ
TRATADO DE LA CUARTA DIMENSIÓN

=======================================

FERNANDO HERRERA ÁLVAREZ

ESTUDIOS DEL MÁS ALLÁ
TRATADO DE LA CUARTA DIMENSIÓN

FERNANDO HERRERA ÁLVAREZ

============================

Dedico este ensayo metafísico a mi muy amada esposa Nora Josefína Torrealba, sin cuyo aliento no habría sido capaz de publicar nada.

============================

3

PRÓLOGO

Este texto, preparado originalmente para una publicación en papel, he debido modificarlo en parte, para poder hacerlo llegar en forma digital a mis lectores.

Prologar un libro de estas características, en el cual se intenta dar al traste con teorías aceptadas por miles de años, definitivamente, no es nada fácil. Habrá lectores que comprensivos traten de aceptar alguna de nuestras teorías, pero seguramente la gran mayoría manifestará algún rechazo a lo que exponemos. Quisiera que este prólogo lo realizara alguna persona capacitada, conocedora de estos temas en forma amplia, pero lamentablemente, el medio en que me desenvuelvo no me permite conocer a nadie capaz de prologar esta obra. Debido a tal circunstancia, y como dejarla sin el consabido prólogo resultaría restarle una parte ritual del contenido, yo personalmente, sin tener ningún mérito para prologarme a mí mismo, lo hago. Perdónenme todos tal atrevimiento.

Guarenas, Enero del 2016

---oOo---

FERNANDO HERRERA ÁLVAREZ

Antes de empezar con los temas para los que ustedes seguramente bajaron este texto, permítanme hacer un corto preámbulo y colocar un pequeño poema en homenaje a las artes que casi se han extinguido. Les pido perdón por haber admitido a un huésped que no estaba invitado, pero como el pobrecito está tan abandonado en la época actual, tiene que recurrir a infiltrarse en cosa ajena para que lo lean.

---oOo---

HOMENAJE A LAS ARTES VERDADERAS

Es valiente la mirada cautelosa
del que admira de las artes, su belleza,
y es tan grande su pasión maravillosa,
que su pecho se engrandece de nobleza.

Yo recuerdo que en los años de mi infancia
cuando el Dante en su Comedia me insparaba,
alejaban de mi mente la ignorancia
y en espanto del Averno me impregnaba.

Y aún leyendo los poemas de otro idioma,
traducidos plenamente por un genio,
hoy recuerdo, y el olvido nunca asoma
aunque nunca literario fue mi gremio.

Y a La Barca en el Sueño de su Vida,

me acercaba con el ansia de un demente,
y admiraba su lectura, tan querida,
que al futuro me lanzaba locamente.

Y Espronceda, trovador maravilloso
en su barco de piratas me embarcaba,
mientras lento, pensador muy amoroso
a ese Mundo y su Diablo me arrimaba.

Y esa gracia en su relato de El Quijote
con Cervantes y Lepanto respetando
lo leía admirando el despelote
que el hidalgo en su camino iba dejando.

Y el Gran Poe, en sus cuentos misteriosos,
digna pluma de la mano de un insigne,
me adentraba en el mundo tenebroso
que no hay nadie que al leerlos no persigne.

¡Ay, Zorrilla!, que en Don Juan el amoroso
la pureza en las mujeres destrozaba,
y el fantasma vengador, caballeroso
justiciero del honor se me antojaba.

Y me acuerdo de Velázquez, esos cuadros,
que Meninas de un ayer sobresalían
o de Breda rendiciones, que baladros
de emoción del gran pasado nos salían.

Víctor Hugo, con sus tristes Miserables
la vileza de la gente me enseñaba,
y también que con tesón, insuperables
imposibles con firmeza rechazaba.

Y Tchaikovsky con su lago del Cisnero
que a la Bella dormidora aventajaba,
o esa Quinta Sinfonía, al que entero
con oído placentero me entregaba.

O de Rimsky el Sherezade fastuoso
que mil brujas y hechiceros nos subyugan
con Calendas y princesas que armonioso
en concierto milagroso se conjugan.

Amor Brujo que de un Falla, con salero
sortilegios y requiebros de gitanas
componía con soltura y con esmero
y al oirlo repetirlo daban ganas.

Y ese Goya que en Madrid del ochocientos
los retratos más horribles nos hacía,
expresando sus mejores sentimientos
que un pasado hacia el futuro predecía.

Y aún hoy día, de un Dalí, sin aspavientos
surrealistas maravillas esbozaba
y al retoque las volvía monumentos
que del arte a la pintura renovaba.

Se ha perdido, todo todo, o casi todo.
Los poetas de verdad casi no existen,
pues pereza en escritorio, doblan codo,
y métrica, en verdad, de hacer desisten.

Los Pintores son banales, chapuceros
que mezclando al acaso los colores
los derraman en el lienzo, por dineros
y resultan adefesios, sin valores.

ESTUDIOS DEL MÁS ALLÁ

Son horribles los sonidos musicales
que destrozan los oidos con sus ruidos
que retumban cual tambores infernales
demostrando que las artes se han perdido.

Y el Poeta, que de antaño era querido,
en un simple prosador se ha destacado
aunque Libros Diccionarios han mentido
y sin arte, ni saber, han ensalzado.

No hace mucho en amplísimo concurso
convocaron a quien fuera aventajado
y en los premios demostraron su discurso
de ignorantes en el arte mencionado.

Dios me libre que algún día me premiaran,
pues tendría la vergüenza de mi vida,
y sería cual si a un asno le ensalzaran
admirando la excelencia de su brida.

Dejaremos esta crítica tediosa
empezando a leer lo relevante
el misterio de la vida, que reposa
en cercano Más Allá alucinante.

¿Sóy poeta, o filósofo profano?
No me importa lo que digan en mi audiencia,
Pues la idea es salvarnos del humano
Que destroza la belleza, y su conciencia.

Adelante, mis lectores tan queridos,
Que es de locos escribir como lo hago,
Mas, prefiero parecer un corrompido
A sentirme lisonjeado con halago.

INTRODUCCIÓN

Es notorio que los temas que tienen que ver con lo que siempre hemos considerado misterioso, más allá de nuestro conocimiento, nos ha llamado la atención en forma persistente, y casi siempre hemos intentado justificar los hechos observados o imaginados con razonamientos de todo tipo, que al final sin haber dejado nada verdaderamente aclarado, ha sido motivo para la creación de multitud de sectas, religiones, teorías y diversa variedad de otros intentos de perpetuar los supuestos conocimientos a través de instituciones, que en muchos casos fueron fundadas con sanas intenciones, pero en otras muchas sus fines han sido perversos, malintencionados, y dedicados al beneficio propio de unos cuantos.

A través de muchos años de lecturas, experiencias, de observaciones, de deducciones lógicas, de análisis tecnológicos de situaciones conflictivas descritas en diferentes formas de expresión, ya sea en textos escritos modernos o antiguos, en documentales científicos o simplemente ilustrativos para entretener, o hacer negocio con las creencias ajenas, hemos llegado a nuestras propias conclusiones, conclusiones que se basan en la acumulación e integración de conocimientos de numerosas fuentes, de las cuales tenemos la seguridad que a pesar de los errores que como es lógico tiene todo lo humano, han tratado de ser fidedignas.

Créase o no lo que vamos a exponer, lo hacemos con la sana intención de aproximarnos a los fenómenos de la popularmente denominada cuarta dimensión, utilizando como herramienta básica de estudio la más exacta de las ciencias conocidas: La Lógica. Esta ciencia ha sido la base de numerosas otras ciencias, tales como la Matemática, la Química, la Física, gran parte de la Biología, e igualmente ha sido factor preponderante en la formación de algunas auxiliares como la Ética, la Moral, y aunque parezca una aberración, también en el arte ha puesto su inmenso montón de granitos de arena, tanto en la Pintura, la Escultura, la Danza, la Poesía, y muchas otras poseedoras o ausentes de su propia musa.

En algún otro texto de los que ya hemos publicado, y especialmente en el primero de todos, "El Club de los Cuentos Vespertinos", Libro Cuarto, hemos expuesto los fundamentos de lo que vamos a explicar en las próximas páginas de esta obra. Como es lógico suponer que el lector de este libro, seguramente no ha tenido la oportunidad de leernos con anterioridad, nos permitimos, con la disculpa solicitada a aquellos que ya lo han realizado, de repetir parte de lo que hemos indicado en otras de nuestras obras, pues sin una descripción de la base del conocimiento, difícilmente puede entenderse el desarrollo posterior.

Como no estamos muy dados a alargar inútilmente la descripción de lo que en forma resumida detallamos, concluímos esta breve introducción incitándolos a realizar la lectura de las próximas líneas, con detenimiento, sin ningún apresuramiento, y si es posible releyendo lo que parezca confuso, o que puedan deducir que contiene información entre líneas que debido a alguna particular circunstancia no es posible, o no es conveniente en ese determinado momento explanar adecuadamente.

Debemos aclarar, que aunque el subtítulo de este libro se adueña de la palabra Tratado, la forma en que lo vamos a desarrollar se aleja un poco de esta normativa, pues dado que los temas a considerar son tan complejos hemos decidido ayudarnos algo con trozos literarios que poco a poco, aunque parezcan disímiles, irán lentamente logrando la integración de las diferentes hipótesis que al final determinan una auténtica Teoría del Más Allá, ó de la Cuarta Dimensión, con todas sus enormes implicaciones filosóficas y metafísicas, enraigadas con las ciencias físicas y matemáticas.

---oOo---

1

Quisiera empezar mi tal vez alocada disertación haciendo la siguiente exposición: Muchas veces hemos pensado en lo que es un cuerpo, y para ello nos hemos imaginado el cuerpo de un animal, como algo superfluo, o el cuerpo del hombre, como algo insuperable, celestial. Para ayudarnos algo a comprender lo que somos y que hemos sido, es decir de donde venimos, nos ayudó bastante, entre otros muchos, el insigne Charles Darwin, aunque casi conscientemente nos olvidamos que existió Oparin y su célebre teoría, tal vez porque el primero nos hablaba de algo que estaba ya bastante formado, mientras que el último lo hizo de cuando prácticamente no existía lo que llamamos vida. En resumen, la referencia la hacemos con la finalidad de llegar a pensar e identificarnos con el ser actual, el que somos, sin complicarnos demasiado con la forma y el porqué. Estamos hablando del ser físico, del cual podemos decir que por ensayo y error de la naturaleza, y eliminación de los menos adaptables, fué perfeccionando a cada individuo hasta alcanzar las cualidades físicas que presentamos. ¿Pero, en algún momento hemos llegado a analizar que dentro de ese cuerpo físico también se ha ido desarrollando un cuerpo espiritual?. Si, claro que sí, lo hemos hecho muchas veces, pero tal vez no desde este punto de vista: El espìritu del hombre, como ser vivo no se ha presentado en el hombre como por arte de magia, por obra y gracia de un Espìritu Santo, sino como un proceso evolutivo paralelo al de las especies. Así es lógico pensar que el espìritu de un perro, existe, pero a nivel de la evolución de un cánido, el de un gusano a ese mismo nivel, y el de las primeras formas de vida, por ejemplo, los trilobites, a nivel de cada trilobite. Obviamente esto va dirigido a los que creemos en el espíritu como tal, que no tenemos por qué confundirlo con el concepto religioso de alma, ni con el espiritista de ectoplasma, ya que el espìritu del que hablamos, es un ente unido al cuerpo que es producto del mismo y que a su vez es su sustento. Posiblemente, la energía que hace posible que el tal espíritu sea capaz de mover lo que para nuestro cuerpo ya es casi imposible, provenga de fuentes externas yacentes en el mismo universo que nos rodea y que lo hace en base a leyes que aún desconocemos. De lo que no podemos dudar es que dentro de ese inmenso laberinto neuronal donde supuestamente se desarrollan nuestras habilidades mentales, además de la energía que atraviesa las sinapsis y que nos da mayor o menor vitalidad, existe algo que es producto de la existencia de todo eso mencionado, más de algo más que es producto del desarrollo alcanzado por nuestro cuerpo en combinación con las fuerzas del Universo del cual formamos parte, de donde podemos decir que si el individuo vivo y pensante tiene una parte física y otra producto de la interacción con el ambiente, es necesario que existan las dos simultáneamente en el mismo cuerpo para que ambas adquieran valor y puedan desarrollar sus facultades. Como cada una de ellas aisladas no son nada, podemos deducir que el producto de la sumatoria de las partes es mayor como una unión, que la suma de esas partes tomadas una a una.

Un ser humano, tomado como individuo vivo y pensante está formado por tres partes esenciales. Primero un cuerpo físico, formado por materia orgánica, Segundo, Fuerzas del medio ambiente Universal formadas por energías poco conocidas, y Tercero, un fluir de vida producto de la unión de las dos prime-ras y que se reconoce por las energías de diferente tipo que impulsan los procesos metabólicos, ya sean de origen químico o físico. Si el cuerpo muere, concluídos los procesos físicos y químicos-metabólicos, se produce un cuerpo inerte, sin vida, formado por materia que pierde su identificación individual con el sujeto del que formaba parte. Si cesan las fuerzas del Universo ambiental, se paralizan las funciones evolutivas del espíritu y así como el cuerpo muere también declina el espíritu. Si cesan las fuentes de energía interna que dan vida a los órganos, el individuo también deja de serlo. Los tres componentes son esenciales para la vida. La acción vital, que es sustentada por las energías internas que mueven los órganos, al desaparecer, provoca dos procesos separados de consecuencias iguales en algunos aspectos pero diferentes en otros. Veamos: Por una parte, la materia muerta, conserva solamente sus funciones químicas como orgánica, pero no como viva, ejemplo: un filete de ternera, pertenece a un individuo muerto, luego es materia muerta, pero sin embargo está sujeta a los procesos químicos de descomposición propios de la materia orgánica. Por su parte, el espíritu, separado del cuerpo por la ausencia del segúndo factor, debe empezar un proceso también gradual de descomposición, del cual no sabemos todavía su duración, pero que irá irremediablemente a devolver esa energía al Todo, al igual que la materia orgánica lo hace por su parte.

A propósito de este punto, para mayor comprensión del tema imaginemos que estando sentados en el borde del camino de la vida, pasa un conductor de un vehículo automotor, y al vernos sentados, cabizbajos y pensativos se detiene y nos dice:

--Buenas tenga usted, compañero, ¿me permite descansar a su lado mientras mi viejo automóvil reposa?.

--Desde luego que sí. Hágalo. Si no me falla la memoria ese es un viejo modelo de Pontiac del año 1950. Yo tuve uno cuando era muchacho, y sin temor a equivocarme puedo decirle que lo usaba como tanque de guerra para hundir la latonería de aquellos que pensaba eran mis enemigos. Pobrecito del auto que se le ocurra chocar con usted, seguro que se vuelve chatarra.

--Bien dice, amigo, pues este carro, por su fortaleza y calidad bien podría competir con esas bellezas modernas que alcanzan velocidades de Fórmula Uno. Pero éste mío, tiene algo muy particular que lo hace muy diferente a todos.

--¿Qué será?.

--Fíjese que cuando estoy cansado de manejar, a veces me duermo sin darme cuenta, y cuando me despierto he recorrido tal vez kilómetros, sin saber como lo he hecho. Se lo he contado a algunas personas y todas se ríen de mí, diciendo que lo que ocurre es que no me quedo completamente dormido, y que a medias, al menos sé por donde voy. Le juro, Señor... ¿cómo puedo llamarlo?.

--Puede llamarme Hispanis Matritus.

--¡Já já!. Y ese nombre tan cómico. ¿De dónde lo sacó?.

--Me avergüenza a mi edad ser capaz de aguantar la risa de un loco torpe como usted. Usted me preguntó como puede llamarme, y yo le autorizo que me llamé así. ¿Qué de dónde lo saqué?. De mi mente, amigo, de mi mente, ¿por qué tenemos que llamarnos de por vida como el capricho de nuestros padres ha dispuesto?. Mucho más, que a veces ha sido para complacer a algún amigo simpático, que después resulta idiota, o a un delirium tremens momentáneo que les privó de la razón. De todas maneras sepa que Hispanis Matritus significa Español de Madrid.

--Visto así, pues, tiene usted razón, le ruego me disculpe, porque mi intención no fue la de ofenderle. Déjeme seguirle expresando lo referente a este vehículo del que hablamos. Usted, que parece ser una persona de extraña mentalidad, podría darme su opinión sobre el igualmente extraño comportamiento que atribuyo a esas cuatro ruedas con motor.

--Lo que voy a decirle puede parecerle una tontería pero quiero que usted la vaya desmenuzando hasta que vea que no lo es tal. Fíjese: ¿No se ha enterado de que en muchas oportunidades la materia inorgánica se ve sometida a situaciones donde pareciera que pensara?. Veamos algunos ejemplos: Los mecánicos de cajas hidráulicas saben que si a una caja usada se le pierde de pronto todo el aceite que tenía, al montarle uno nuevo ya no trabajará con la misma eficiencia. Ese aceite, aunque en su composición sea igual al nuevo que se intercambia, tiene algo que no tenía el viejo: una especie de relación entre los componentes de la caja y del aceite, tal vez interaccionado por energías magnéticas o de otra índole, que hacen que ambos funcionen al unísono produciendo un efecto de buen rendimiento.

--Nosotros tenemos un concepto de lo que es vida, que bien pudiera estar errado. Sabemos que en ciencia no hay nada definitivo, lo que era plenamente comprobado en el pasado, a la luz de nuevos descubrimientos o inventos resulta obsoleto, y la nueva verdad ocupa el lugar que tenía la anterior. La materia en sí, tiene estructura similar tanto a nivel orgánico como inorgánico, si nos salimos del ámbito de las moléculas y nos acercamos al del átomo. Tanto el hierro del que forma parte nuestro organismo, como el hierro de un cuchillo o una tenaza, están conformados físicamente en la misma forma. Ambos tienen el mismo número de electrones en sus órbitas y estos últimos giran alrededor de su núcleo a velocidades similares. Es decir, los átomos del hierro de ese automóvil tienen las mismas cualidades del hierro que forma parte de nuestras células."

--A partir de esa relación puede haber llegado a conformarse una forma de vida que no sea precisamente orgánica, basándose en componentes físicos que hayan sufrido procesos de evolución que nosotros desconocemos. Son muchos los casos que conoce la historia de situaciones de aparente coincidencia en la cual se han visto involucrados amuletos y otros objetos de uso especial. Es conocida la película del genial Walt Disney "Cupido Motorizado" con la cual hemos pasado horas de intenso placer imaginando en nuestra fantasía una realidad latente en ese celuloide. Sin embargo, si comparamos nuestros sentimientos con algunas situaciones de nuestra vida en las cuales le hemos tomado cariño intenso a cualquier objeto que ha convivido con nosotros algún tiempo, podremos darnos cuenta de que en verdad el término "convivido" ha sido una realidad, es decir la unión de dos vidas, de dos seres vivientes, uno llamado persona y otro tildado de objeto ha tenido como consecuencia una afinidad tan grande hacia tal objeto, que la desaparición física o al menos un daño permanente en él nos ha causado intenso malestar y hasta dolor. Cuando una niña juega con su muñeca, y después de convivir con ella la muñeca desaparece o se deteriora, la niña sufre como si hubiera perdido a una hermanita o a una hija. Igualmente, niños de sentimientos opuestos al del caso mencionado, sienten intenso placer destrozando su juguete, el cual desde luego no será su preferido. La curiosidad por saber qué hay dentro del mismo es un factor que no puede perderse de vista, pero en otros casos lo que impera es la envidia, la rabia, que se manifiesta en deseos de destrucción de "alguien" que sienten ser su enemigo o su competidor, y que por lo tanto, llevan a cabo su desaparición física. En casi todos estos casos la relación de convivencia, mala o buena, ha sido la causal de la conducta del individuo humano en desarrollo.

Llegando a este punto, el propietario del auto, que había intentado cien veces interrumpir, pero que se había contenido, no puede menos que exclamar:

--Amigo Hispanis Matritus, ante todo, pues tengo mucho que decirle, ¿por qué no me deja que yo le ponga un nombre que me suene a gusto con lo que yo pienso de usted?. Le prometo que si no le gusta le pediré disculpas y le seguiré llamando como usted desee.

--Está bien, me parece interesante saber como me llamo en boca del pensamiento de otra persona... ¡llámeme!.

--A lo de Hispanis solo le cambiaré algunas letras y le llamaré Spanix, que viene bien emulando un héroe de película, y que generalmente terminan en "x", y como lo veo algo extraviado de pensamiento como Don Quijote, tengo a bien dejárselo, por indicar el mismo lugar de origen, pero lo de "Matritus", de verdad no lo puedo soportar, no puedo ima-ginármele a usted como mi madre, aunque bien si pudiera ser como un padre, en cuyo caso le llamaría Spanix Pater, pero ese nombre suena un poco a Padre nuestro, y yo no soy muy amigo de la oración. Por ser usted una persona nueva para mí, podría llamarle Nuevo, es decir Spanix Nuevo.

--No me parece tan mal el nombre que usted me dá, tomando en cuenta que en latin

Novus, significa muchas cosas y que todas me parecen adecuadas para mí, que aspiro a ser un Homo Novus, llámeme entonces Spanix Novus, y asunto concluído. Dígame, entonces, todos los comentarios que me iba a hacer. Y si ya se le han olvidado, pues adiós, amigo.

Eso significaba prácticamente algo así como: "Ya me cansé de oir tus tonteras, mejor vete". El dueño, desconocido del Pontiac 50, sintiéndose ofendido por la forma tan grosera en que fué despedido, dió media vuelta y se alejó del lugar.

2

Debemos, de una vez por todas, acostumbrarnos a pensar que todo lo que vemos es únicamente producto de la capacidad especial de nuestros sentidos. Es decir: Captamos las imágenes porque nuestro cuerpo posee un órgano visual constituído por dos receptores de imágenes, los ojos, un transmisor de la información; la retina, y una serie de neuronas que en nuestro cerebro han almacenado una serie de informaciones, producto de nuestra corta o extensa experiencia, y que nos permite hacer relaciones entre lo que tenemos grabado y lo que estamos percibiendo en esos momentos. Si la imagen que captamos al compararla con otra semejante en nuestro archivo resulta que la tenemos clasificada como un libro, por ejemplo, tomamos conciencia de que lo que estamos vislumbrando es un libro. Como existe un sin-numero de posibilidades que les den características diferentes a tal libro, automáticamente nuestra computadora cerebral empieza a relacionar formas y colores, al igual que lo hace un captahuellas para determinar la identidad de una persona a través de la comparación de las huellas dactilares almacenadas en determinados archivos. Si nuestra computadora u ordenador cerebral nos dice que no hay nada semejante, deducimos que el libro que vemos es nuevo para nosotros, pero si por seguir con los ejemplos, vemos que en la portada del tal libro aparece la palabra "tratado", automáticamente seguimos analizando datos con esa nueva pista y revisamos todos los libros que tenemos almacenados en forma de imagen dentro de nuestro cerebro cuyo título empieza con esa palabra. Es posible que en nuestra memoria existan numerosas obras que empiecen por la palabra Tratado, pues pueden ser de Astronomía, de Física, de Biología, de Cibernética, o de cualquiera de las infinitas posibilidades. Si encontramos la coincidencia de que por ejemplo el libro se llama Tratado de la Cuarta Dimensión, y resulta que aparece en nuestra reserva nemotécnica otro de igual nombre, ya sólo nos quedaría la duda de averiguar si son del mismo autor, después si son de la misma edición, etc. etc.

Algo semejante ocurre con los demás sentidos, pero aplicando técnicas algo diferentes. En el caso de los olores, es indudable que en nuestra memoria hay guardados muchos recuerdos en tal sentido, podemos saber si el tal olor es de un perfume, de algo en estado de deterioro, de una determinada persona o animal, etc. El proceso de comparación es semejante, aunque en este caso no está activada la función visual sino la olfativa. Con respecto al tacto, podremos igualmente reconocer por la textura del tejido que contactamos si es áspero, suave, grasiento, sudoroso, etc. y relacionarlo con las sensaciones que podamos haber tenido durante nuestra existencia. Por ejemplo: el que ha tocado alguna vez una rana, que se aprecia como suave, escurridiza, fría, seguramente la podrá identificar. Al mismo tiempo seremos capaces de detectar los latidos simultá-nea-mente, e identificarlos como de una rana, de una persona o de un animal, ya que lo que tocamos, aún sin verlo, podremos imaginarlo, de acuerdo a nuestras experiencias, o simple-mente en base a nuestros conocimientos, que en realidad son pseudo-experiencias, que esta-mos tocando el cuerpo de una rana, el pecho de una persona o el vientre de un gato.

Cuando usamos nuestra lengua para conocer el sabor de alguna sustancia, casi inmediatamente la identificamos comparándola con algún sabor que anteriormente hemos relacionado con un material específico.

Si esa capacidad de análisis la tenemos bastante amplia, empleando un solo sentido, imagínense ustedes nuestra elevada capacidad si simultáneamente podemos utilizar varios de ellos, es decir poder ver, tocar, oler, saborear, y oir. Este último sentido, el del oído es el que se ha desarrollado primeramente en el ser humano, con anterioridad a cualquier otro, y aunque nosotros le concedemos el primer puesto en importancia a la vista, es indudable que a nivel espiritual el oído es muy superior a la visión.

Cuando hablamos de los cuatro primeros sentidos mencionados, vista, tacto, olfato y sabor, estamos utililizando unos órganos sensoriales que nos comunican directamente y en forma básica, con todo lo físico que nos rodea, y digo básicamente porque es la parte fundamental de su utilidad, pero no opta para que también contenga componentes de comunicación espiritual, aunque en mucho menor grado. Sin embargo, el oído, aunque indudablemente nos relaciona en forma muy importante con el mundo físico, también lo hace, y con mucha mayor intensidad con la parte espiritual de todo lo que existe.

El componente físico más observable, indudablemente es el visual, el cual se comunica con nuestro medio interno, principalmente a través de formas y colores, los cuales pueden permitirnos hacer evocaciones, que ya sin pertenecer a la vista, nos relaciona espiritualmente con nuestro mundo interno emocional. Como ejemplo podremos ver como un delincuente masacra a un niño en nuestra presencia.

En este caso el medio de comunicación directa es el visual, viendo el hecho cometido, pero los sentimientos relacionados con las consecuencias de ver tal acto, los cuales son fundamentalmente emotivos, ya no son parte directa de la función ocular, sino de factores emocionales, sensitivos que pertenecen a otro campo del conocimiento. Todos los sentidos, en una u otra forma nos relacionan también con la parte espiritual de nuestro ser, pero el más intenso es en primer lugar el oído, después, en segundo orden la vista, y posteriormente el resto de los sentidos, sin que le prestemos demasiada importancia a un orden predeterminado.

El órgano del oído, al igual que el de la vista, percibe la sensación desde un objeto determinado hasta su órgano receptor y direccionador que es el lóbulo de la oreja, permitiendo que el sonido penetre profundamente hasta aquellas zonas del órgano que se comunican directamente con la neuronas cerebrales que las analizan. Tanto en la vista como en la audición el medio de comunicación es a través de cierto tipo de ondas, de diferentes características en cuanto a su longitud, tamaño, frecuencia, etc., pero similares en lo referente a la forma de transmisión. Sin embargo, en el caso de la audición, hay una gran diferencia con respecto a la función visual. La vista debe tener necesariamente que tener un archivo de imágenes almacenado en alguna parte del cerebro, mientras que el oído, aunque también tiene su propio archivo de sonidos, y muy importante y amplio, por cierto, no funciona obligatoriamente con esa capacidad, sino que por sí solo es capaz de relacionarnos, ponernos en sintonía con los registros acásicos del universo.

Aquí se hace imperativo hacer una descripción de lo que podemos entender por tal registro, ya que hay diferentes interpretaciones con algunas diferencias importantes. Todas nuestras aseveraciones se basan en fenómenos científicos comprobados, tratando de eludir al máximo aquellas interpretaciones de índole supersticiosa, religiosa o dudosa en cualquier forma.

El espacio entre las estrellas, y el de estas, internamente, está pleno de multitud de energías de diversa índole, que lo atraviesan , en algunos casos, a velocidades superiores a las de la luz, y en otros permanecen estáticas simplemente ocupando el especio determinado. Estas energías no están funcionando en forma aislada, sino en interacción con todos los fenómenos relacionados con la función específica de desarrollen.

A la luz de nuestro poco o mucho conocimiento, ya somos capaces de activar una cámara fotográfica que simultáneamente grabe imágenes y sonido del lugar hacia donde la hemos enfocado. En estas cámaras, el motor que la pone en funcionamiento es una acción nuestra, pulsando algún botón o realizando alguna otra acción conexa. Es posible que en algún futuro no muy lejano seamos capaces de grabar no solamente video sino también impresiones de otra índole, tales como táctiles, olfativas, etc., algunas de ellas ya en franco desarrollo investigativo y hasta en funcionamiento. No podemos por lo tanto, dudar, que la Naturaleza, infinitamente más inteligente que nosotros, no posea conocimientos y destrezas que sean capaces de hacer cualquier cosa que nosotros imaginemos en concepto de grabaciones.

Todo lo que ocurre es guardado automáticamente en un infinito registro que funciona a través de todo el Cosmos, y que tomando como fuente de comunicación alguna de las diversas energías que lo atraviesan en forma de ondas de alguna característica particular, lleva esa información a núcleos de almacenamiento universales, exactos, detallados en grado infinitesimalmentre mínimo. Así como nuestro cerebro es capaz de almacenar prácticamente cualquier cosa de nuestra vida, guardando en forma minuciosa el momento en que acaeció, los fenómenos físicos ocurridos, e inclusive una memoria emocional de las consecuencias que ocasionó cualquier hecho, así a nivel universal todo es también almacenado en el más amplio reservorio nemotécnico que pueda uno imaginarse.

Nuestra mente, actúa como una herramienta inicial de transmisión de datos, ya sean físicos o espirituales, pero es indudable que por mucho que tratemos de justificar tal hecho, es prácticamente imposible que dentro de las neuronas finitas de nuestro cerebro seamos capaces de contener tamaña información personal. En consecuencia, ciertos mecanismos, que explicaremos más adelante, permiten que nuestra actividad cerebral comunique toda la información a través de las ondas que también atraviesan nuestros órganos vitales, para ser conservadas en forma permanente en ese otro gran almacén universal que es el registro acásico. Es decir, que tenemos un resorvorio nemotécnico relativamente pequeño en las neuronas especializadas de nuestro cerebro, y que en un momento dado, en que se requiere una información más amplia y detallada, esa información es solicitada al registro acásico. Esto ocurre generalmente en situaciones excepcionales, que ameriten, por su urgencia llevar a cabo un análisis vital, como sucede en caso de peligro de muerte, o influenciados por alguna droga excitante que produzca alteraciones en el autocontrol de las vías de acceso a esas informaciones universalmente guardadas.

3

Hay muchas formas de llegar al lector, es decir, existen diferentes formas de escribir. El lenguaje humano es una de las cosas más versátiles y diversas que han sido creadas por el hombre. Podemos escribir utilizando palabras rebuscadas, de supuesta elegancia y excelsa erudición; podemos también hacerlo buscando en primer lugar la elegancia del estilo literario, plasmado con fórmulas gramaticales sofisticadas, las más bellas o más difíciles combinaciones lingüísticas; podremos también utilizar lo más moderno y espectacular en palabras tecnológicas, y llenar el escrito de citas bibliográficas tediosas o interesantes; si quisiéramos, podríamos también emplear el más refinado palabreo poético con efectos emotivos de fuerte intensidad o cursilería romanticona; también es factible, como muchos lo hacen, utilizar un lenguaje vulgar y corriente, plagado de incorrecciones gramaticales, pero al fín y al cabo, realista. Nosotros, los que hoy estamos bosquejando estos trabajos, intentamos hacer una mezcla de todo. Si es bueno o malo, ya lo dirá o pensará el lector, de acuerdo con su propio modo de entender las cosas. El interés prioritario que consideramos que se debe tener en cuenta, no es el dejar plasmado un determinado estilo, sino, símplemente, decir en la forma más fácil y sencilla de entender, todo aquello que sentimos que debemos expresar.

En los diversos párrafos que irán ustedes ojeando de aquí en adelante, no pensamos utilizar un esquema de trabajo determinado, de acuerdo a los patrones estereotipados que se acostumbran. Creemos que no es importante que el prólogo vaya antes que la introducción, o que el clímax esté en el segundo tercio de la obra o en el final. Las conclusiones podrían estar al principio, en el medio, o en cualquier parte. No nos vamos a angustiar por nada de ésto, ni vamos a cambiar la secuencia de nuestros pensamientos, solamente porque se acostumbra hacer tal cosa. Al fín y al cabo, la costumbre se genera por la repetición de un acto; y este acto alguien debe cumplirlo por primera vez, para que pueda haber una segunda, y luego una tercera... en fín, vayamos al grano.

Desde hace ya bastante tiempo nos está llamando la atención observar y analizar las diferencias existentes entre el comportamiento del ser humano de hace unas cuantas décadas y el de los anim..., perdón, y el de las personas de ahora. Estas diferencias son tan grandes y tan notorias, que nos hacen sentir como peces salidos del agua, la vida nos parece casi imposible, y cuando pensamos que la solución es regresar al lago de donde salimos, nos encontramos que éste está ya casi seco.

Amigo lector, no sabemos quien eres tú. De pronto resulta que eres un tradicionalista dado a las formas de vida antigua, pero lo más seguro es que formes parte de la inmensa pléyade de sujetos que están "en la onda". A los primeros no tenemos nada que decirles, puesto que estarán totalmente de acuerdo con lo que aparece en este libro, y entonces... ¿para qué lo van a comprar?. A los segundos, la lectura de lo que aquí aparece o les va a dar una rabia terrible y van a desear vernos muertos, o simplemente, como piensan totalmente diferente, no entienden nada de lo que aquí se dice, y por lo tanto, también ¿para qué lo van a comprar?. Simplemente se lo devolverán al amigo que se los prestó, y por compromiso, cuando le pregunten ¿Te gustó?, seguramente le dirán, o le dirás, (pues no sé si no tutearle o tutearte): "Muy interesante, gracias, guárdalo bien, no te lo vayan a quitar". Entonces, como de acuerdo con lo dicho, va a resultar que este libro no sirve para nadie, y que por lo tanto, como no lo va a comprar nadie, ¿para qué lo vamos a escribir?. ¡Terrible pesimismo!

Para no quedar ante ustedes como locos, vamos a tener que revelarles un pequeño secreto, pero por favor, no se lo digan a nadie: queremos que lo sepan solamente los lectores de este libro: "Queremos salvar al mundo", y por eso empezamos una titánica labor, tratando de convencer, aunque sea a una sola persona, para que ésta, a su vez, convenza a otra, y estas dos lo hagan a su vez a otras dos más, etc. etc. etc. de los secretos, que para nosotros no son tales, de la tan difundida Cuarta Dimensión.

En la secuencia de las lecturas que vienen, y las que ustedes ya habrán tenido oportunidad de ojear, en alguna parte de mis anteriores obras, se exponen una serie de hechos, la mayor parte de ellos reales, pero un poco adornados para que la lectura no se haga demasiado antipática, ya que el solo hecho de denominar este libro como "Tratado" nos dá la sensación de algo tedioso, fastidioso que hay que dejar de leer en forma inmediata.

El autor, es decir, yo mismito, trata fundamentalmente de hacer llegar al conocimiento del lector, de la historia verídica de un señor que nació en un ambiente poco estimulante, que haciéndolo ignorante de tantas cosas de la vida práctica, lo llevaron a estudiar autodidácticamente las cosas más extrañas que pueda imaginar un ser humano. Así esa mezcla de idiota y de sabio, con el tiempo, creció, se desarrolló, tuvo diferentes experiencias que lo iban modelando, cambiando su carácter, su forma de pensar, y hasta su profesión, llegando al casi término de su vida, con la esperanza de que todo aquello que había experimentado de bueno o de malo durante su existencia ya próxima a concluir, sirviera para que, escribiendo este libro, pudiera ser aprovechado por la gente joven, antes de que llegando a viejos, sintieran que su vida no había sido utilizada adecuadamente. Como a buenos entendedores, con pocas palabras basta, pasemos a seguir leyendo otras cosas, alocadamente, sin un aparente rumbo ni lógica literaria.

4

¡Salvar el mundo!, ustedes pensarán que es una tremenda tontería, pero, si señores, en realidad el mundo está en proceso de auto-destrucción, y se hace necesario que tratemos de introducir nuevas ideas y pensamientos que estén más acordes con la realidad que vivimos. Obviamente que este pobre y simple escritor no va a ser capaz por sí solo de mover apenas una brizna de este mundo complicado, pero si consigue la ayuda de más y más lectores, que asimilen las ideas y las lleguen a tomar como suyas, y que al mismo tiempo traten de ponerlas en acción, cada uno en los diversos campos en que se desarrolle su existencia... tal vez se puedan lograr algunos cambios que mejoren nuestro fatídico destino.

Si alguien lo duda analicen estos ejem-plos: La Daesh, o Estado Islámico, como deseen llamarla, lentamente está infestando gran parte del mundo, y a su paso deja una estela de horror y muerte mil veces superior a la que nos infringió Atila en épocas ya olvidadas. Le cargamos la culpa a unos cuantos líderes que convencen a su carne de cañón para que asesinen a sus congéneres engañándoles con las falsas creencias de una vida eterna celestial totalmente inexistente. Se basan en la perma-nencia actual de esas religiones que a través de los siglos embrutecían al pueblo con falsas creencias de castigos divinos, pero en realidad los culpables principales no son esos líderes facinerosos, pues sabemos que ellos no tienen fé en tales creencias tontas, sino que utilizan a su favor, en su propio beneficio, generalmente de tipo económico o político, la estupidez de la gente que manejan como rebaños de ganado, estupidez que es producto de la ignorancia de esas gentes, que apenas han aprendido a sumar con los dedos de la mano. De nada sirven esas célebres y costosas asociaciones de naciones que tienen diversos nombres, pero casi iguales destinos, la abulia, pues en vez de utilizar esas supuestas integraciones tanto políticas como militares, pudiendo aliarse y destrozar a esa plaga miserable, más bien, en forma oculta, disimulada, venden armamentos a los causantes de tales masacres. O el caso de los millones de refugiados de países arrasados por órdenes de los dictadores de las grandes asociaciones de naciones, que deciden desterrar a millones de habitantes, de su suelo patrio, para crear una nación ficticia creada con los desechos humanos de muy diversos países, con la intención de evitar tener en sus propias tierras demasiados elementos tales capaces de asesinar a niños, mujeres y ancianos que traten tontamente, pero heróicamente de recuperar la patria robada a sus antepasados, utilizando como armamento contra tanques y ametralladoras, las piedras usadas para matar pájaros con horquetas de madera. Y un último ejemplo, en nuestro propio país, es notoria la masacre que realizan los delincuentes, especialmente los motorizados, que asesinan por placer, sin que haya una respuesta suficientemente adecuada por parte de las autoridades, que en muchos casos también son delincuentes infiltrados en gran escala.

Nuestra misión en estos álgidos momentos de la Humanidad es hacer saber a los ignorantes lo que lo letrados inteligentes ya conocen desde hace mucho tiempo pero no se atreven a dejar traslucir a la luz pública: la necedad absurda de creer en religiones, que provocan actualmente, como lo hicieron en el pasado, la confrontación entre los miembros de diferentes falsas creencias. Esto no opta, desde luego, para que al mismo tiempo podamos hacer lo posible por determinar, de una vez y para siempre lo que significan en realidad conceptos tales como Dios, Espíritu, Alma, Conciencia y algunos otros términos más, que siempre se han prestado a equívocas interpretaciones. Afortunadamente, en la época en que escribimos este texto, tenemos un gran líder espiritual, que por primera vez en la historia de la religión católica, está tratando de hacer entender al mundo cosas que en el pasado eran casi intocables. Casualmente es de nuestra propia cultura, lo cual nos garantiza un grado intelectual especial que lamentablemente no han tenido sus predecesores, pues para cambiar el mundo, hace falta algo más que bondad y proclamar lo que no se ejecuta, sino realmente establecer acciones que contabilizen hechos de importancia sustancial, como los que hasta el momento vemos que está realizando dicho personaje.

5

Hoy es la Navidad del 2014, excelente fecha para iniciar la escritura de una obra, pero también para continuar lo ya empezado. Bien podría poner la fecha en que se lanzó la primera bomba atómica sobre Hiroshima y Nagasaki, y seguramente que sería mucho más emocionante e intrigante para el lector, pero no, desde el comienzo he decidido hacer saber a todos mis lectores la verdad y nada más que la verdad. Algunos podrían pensar que la verdad no es emocionante y que es preciso recurrir a la fantasía para que el lector se anime a seguir leyendo, pues sabemos que en general la realidad casi siempre suele ser monótona, poco interesante y hasta fastidiosa... pero no necesito recurrir a tal fantasía, pues lo que van ustedes a leer, siendo la más absoluta verdad, supera con creces cualquier invento estrafalario que pueda realizar el mejor de los autores.

Ustedes seguramente no se explicarán el por qué de tanto vericueto al hablar y tratar de describir un tratado sobre el Más Allá, pero es indudable que para que se pueda comprender a cabalidad el contexto de este contenido deben utilizarse ejemplos de la vida real, que posteriormente, al explicarlos y tratar de ubicarlos dentro de alguna de las teorías aquí expuestas lleguen a tener un alto porcentaje de credibilidad.

6

Es notorio el elevadísimo concepto que nosotros, como seres humanos, tenemos de nosotros mismos. Representamos el más alto exponente del desarrollo de la vida. Nuestras funciones psíquicas son tan definitivamente superiores que no es posible imaginar siquiera algo mejor. Nadie puede rebatirnos estas concepciones de nuestra propia naturaleza; o ¿acaso la pobrecita hormiga podría hacerlo?. ¿Podrá polemizar con nosotros el inteligente chimpancé?. Claro está, que no, ni siquiera puede sentir el inmenso orgullo de parecérsenos un poco, ni siquiera el misterioso y casi desconocido delfín o el rencoroso elefante.

Es importante que tengamos en cuenta que nuestro sentido de la vida, y el concepto de las cosas que nos rodean está dado por las capacidades que nos otorgan nuestros sentidos, nuestras facultades. Lógicamente no podemos salirnos de esos límites. ¿Cómo verá el mundo un gato?. Podemos imaginarlo pero no podremos saberlo, pues para eso habría que ser gato.

El ser humano es producto de un determinado desarrollo, propio de nuestra especie, y cualquier análisis que hagamos de nosotros mismos lo hacemos con nuestras propias capacidades. Nunca, por lo tanto, podremos ser críticos imparciales de nosotros mismos, puesto que somos al mismo tiempo juez y parte.

Nos hemos distanciado grandemente de las otras especies, pero todavía, a pesar de todo nuestro progreso, los terribles instintos que degradan al animal más salvaje, aún permanecen en nosotros, enmascarados por el supuesto progreso evolutivo. El de conservación nos impulsa a matar, (pero también asesinamos sin necesidad); ese mismo instinto nos obliga a robar el alimento cuando no lo poseemos y lo necesitamos para nuestro sustento, (pero también robamos para mantener vicios). Tenemos un amplio repertorio de sentimientos tales como el odio, la ira, la venganza, la envidia, la lujuria, la avaricia, y otros muchos más, que tal vez, también tengan otras especies, pero que nosotros las hemos desarrollado al más alto grado.

Afortunadamente no todos los seres humanos son iguales. Los que han alcanzado los más elevados niveles en la inteligencia abstracta, casi han superado esos defectos. Ellos son los que dan esperanza a nuestra condición de especie humana. Los que apenas alcanzaron el pensamiento concreto, no se diferencian mucho de los demás animales, o son peores que algunos de ellos. Entre esos dos extremos está la infinita escala de variaciones, que demuestra, que en efecto, nuestra especie sí está en proceso de evolución, pero esa evolución no es pareja en todos los individuos de una misma generación. Tenemos mutantes hacia los dos extremos.

7

El término "enfermedad mental" se ha utilizado en muchas disertaciones. Actualmente, los investigadores de las diferentes corrientes psicológicas lo derivan hacia dos únicos conceptos, la conducta y la mente, y hacen uso de la terminología de enfermedad mental, como una forma fácil, simplista, y poco realista, de entender tales problemas.

Haciendo exclusión de aquellos trastornos de la conducta que se salen de lo que acostumbramos llamar normal, debido a agentes de tipo orgánico, como por ejemplo: anomalías en el flujo que fluye a través de las sinapsis neuronales, y que facilita la llegada de la orden que provoca el estímulo y que a su vez engendra la conducta, o bien del desarrollo inadecuado de secciones orgánicas del sistema nervioso, especialmente las que tienen que ver con la comprensión de los problemas, esencialmente a nivel de inteligencia abstracta, de las cuales podemos mencionar la idiofrénica, la tóxica, etc., lo que nosotros denominamos enfermedad mental, es decir, cualquiera de las formas en que se desarrolla la psicosis, ya sea maniática, depresiva, compulsiva, afectiva, gestacional, paranoica, situacional, interpretativa, y todas aquellas que han recibido nombres diferentes por diversos autores, pero que no son de raigambre orgánica, podemos orientarnos en determinar su posible causa en la siguiente forma:

El proceso comienza generalmente por crisis de ansiedad, de índole puramente neurótica, que aunque pudiera tener fundamentos neurasténicos, no serían tan relevantes para llegar de una vez a conformar el origen de las psicosis. Estas crisis de ansiedad, que generalmente se originan en situaciones no resueltas de la vida diaria, o simplemente en temores, que aún no llegaron a ser paranóicos, van produciendo en el organismo, pero muy especialmente en las zonas cerebrales que almacenan las experiencias, y también las de la inteligencia abstracta que ayuda a la resolución del problema, una sensación de imposibilidad de concluir con la dificultad. Ésto provoca un aumento progresivo de la inestabilidad emocional, que estando sujeta, al hecho de que aunque sea ocasionalmente, tengamos momentos de reposo, reposo que sólo puede dar la solución de un caso problemático, va incrementando el estrés, y por ende la incapacidad de resolver las situaciones conflictivas. Estamos hablando de una etapa de trastorno neurótico, la cual puede ser resuelta si los azares de la suerte, o de la comprensión de la situación, le quitan valoración de desastre al caso específico. Pero, ¿qué ocurre si esa situación, en vez de resolverse se va haciendo cada vez más intensa, más complicada, siendo cada momento que pasa de más difícil arreglo?. El individuo, generalmente entra en la desesperación, empezando por analizar lo que será su vida futura ante la irresolución de la dificultad, los graves problemas, superiores al que ya tiene, aumentarán su complicada situación... y el sujeto en cuestión, se siente incapaz de llevar a feliz término lo que en su vida representa un feliz destino, y ante la frustración sentida, en forma imperiosa, al perder toda esperanza de salvación del caos en que ya está o que se le avecina... decide poner fín a su existencia. En este caso el sujeto, no ha sido capaz de resistir las consecuencias de los hechos, y como tabla de salvación, para no seguir sufriendo, considera que poner término a su vida es el único medio de eliminar el tormento. El sujeto que actúa así, no lo hace por haber perdido la razón, simplemente ha hecho un análisis de los hechos, de las causas que los provocaron y de las consecuencias posteriores, y tomando una decisión lógica, aunque sabemos que no es la correcta, se elimina físicamente. Es algo parecido al enfermo de algo tan grave que se pueda considerar como terminal, y que a su vez, perdiendo la esperanza de curación o no soportando los intensos dolores decide aplicarse la eutanasia.

Pero, ¿qué pasa con aquellos individuos que no son capaces de atentar contra su vida, pero que también sienten lo terrible de la situación que los lleva a tener que sufrir una vida de agobio, opresión, tal vez encarcelado, arruinado, o tantas cosas que arredran al más valiente?. Pues este señor, en vez de poner término a su vida, encuentra una solución mejor, como es la de perder la noción de lo que está ocurriendo. En estos casos, el cerebro humano, después de un minucioso análisis, que supera en mucho a lo que ejecuta la más sofisticada computadora, da la orden a determinadas zonas orgánicas del cuerpo, especialmente las cerebrales, para que esos problemas dejen de existir, y pueda vivir en paz. Esa es la psicosis, la locura, que obviamente, no tienen nada de enfermedad, sino que es un producto lógico del intelecto del propio organismo afectado. En vez de enfermedad mental, debiéramos catalogar el hecho como "liberación mental", pues eso es precisamente lo que logra el caer en la psicosis.

Esa liberación mental, es casi siempre irreversible, ya sea como un maníaco-depresivo, un esquizofrénico o un paranóico, y ello es debido a lo siguiente: Cuando en estado neurótico ligero, vamos acumulando pequeños o grandes fracasos, es equivalente a llenar lentamente un vaso, el vaso de nuestra capacidad de resistir. Cada hecho perjudicial, es una gota que va cayendo. Deben llegar muchas de esas gotas a nuestro vaso de ejemplo, o inclusive hasta pequeños chorros, para que el vaso grande de nuestra resistencia cerebral se colme. En cualquiera de esos estados, antes de llegar al borde, los estados neuróticos pueden ser reversibles, alejándonos de la locura manifiesta, pero si esas gotas persistentes, llegan al borde del vaso, caemos en un estado pre-psicótico, durante el cual, todavía podríamos salvarnos. Ese es el momento crítico en que una sola gota que caiga, lo desborda, equivalente a lo que ocurre con la tensión superficial en física, y al derramarse, sólo quedan dos opciones: la eliminación física de los problemas a través del suicidio, o la caida, sin regreso, al campo de la locura, es decir de la liberación.

Debemos hacer una aclaratoria que parecerá un poco infantil para los expertos, pero que puede ser útil a los profanos; no confundamos psicosis, con psicopatía. La psicosis no orgánica, llamada vulgarmente enfermedad mental, y que nosotros pretendemos llamarla "liberación mental", es de la que hemos hablado con anterioridad, mientras que la Psicopatía es en realidad la acumulación de algunas características de la personalidad, en las cuales el Ego, el Yo, es lo más importante. Estos sujetos son capaces de matar a su madre, si con ello consiguen algo simple que satisfaga lo que ellos consideran necesario. El síndrome hospitalario produce muchas veces individuos de estas características, pero también las propias experiencias ya adultas, basadas en un egoísmo exagerado, capaz de hundir a todos para aparecer por encima de sus víctimas. Los grandes líderes mundiales, en muchos casos fueron terribles psicópatas, que para alcanzar sus objetivos, eran capaces de destruir todo y a todos a su paso, sin ninguna contemplación, sin remordimientos de conciencia. Sólo ellos, ellos, y sólo ellos. Ese es el psicópata, de los cuales están las cárceles repletas.

El psicótico es digno de nuestra lástima y de nuestro apoyo, el psicópata no, pues es candidato a que lo detestemos como algo malsano. Afortunadamente la psicopatía no afecta a todos los sujetos en un 100 por ciento de su personalidad, pero con que sólo tengan un cincuenta por ciento ya podemos identificarlos como monstruos. Debo aclarar que todos los seres humanos tenemos algo de psicópatas en mayor o menor grado. La mayoría lo tiene en un diez por ciento, y pasa casi desapercibido, no siendo peligrosos, pero de veinte para arriba.. ¡Cuidado!.

Las dos características descritas con anterio-ridad son fenómenos púramente físicos, en los cuales no interviene la parte espiritual del individuo, salvo en lo que respecta al origen que provocó tal situación el cual si puede ser de tal índole.

8

Aquel que se adentre en los linderos del dolor, con alma de poeta y ojos de médico; aquel que vague por campos yermos e infinitos, donde la más absoluta soledad y silencio le haga comprender la ausencia de vida, sin pájaros que revoloteen en el aire, sin insectos que le zumben en los oídos, ni flores que den su fragancia, y al vivir esta experiencia sienta honda pena que agobie su alma y oprima su corazón... aquel hombre o mujer, está capacitado para comprender lo que van a tratar de explicar estas líneas.

Hubo un tiempo, en que la Tierra, colmada de movimiento y colorido, pero carente de vida, comenzó a forjar con el concurso de uno de sus componentes, el carbono, la enorme y vasta tarea de poblar su superficie con los incipientes seres que al evolucionar en el transcurso de millones de años, darían lugar a nuestra especie humana y a los casi infinitos tipos de seres animales y vegetales, con los cuales convivimos, y de los cuales nos creemos reyes.

Nada más falso que este último aserto de reyes; ¿reyes de quién?, reyes, sí, de la miseria, del dolor, y la tristeza, pero nunca de la naturaleza. Somos víctimas de las epidemias, y nos creemos dioses; somos pasto de la muerte, y nos creemos su señor. ¡Despertemos!, los sueños nos hacen vivir en el mundo de la fantasía, creyéndonos dueños de la Tierra, estamos ya casi llegando a la Luna, para creernos dueños de ella también, y de Venus, y de Marte, y del Sol, y del Infinito. Pero echemos una mirada en nuestros hospitales; la gente se muere víctima de infecciones que los más poderosos antibióticos no controlan; el desgaste celular, factor básico de la muerte, es irremediable, y hasta un simple constipado nos da dolores de cabeza insospechados, y allá en el agro, donde las especies animales deberían estar en toda su plenitud y lozanía, sustentando a quien de ellas se cree rey... enflaquecen, se mueren, y hasta se extinguen, sin haber dado con el fruto que pudiera muy bien significar la salvación del indigente o la conservación de una grandeza; y las plantas, los más importantes seres de la naturaleza, en su mayoría desconocidas en sus propiedades, son apenas cultivadas en unas cuantas especies, sujetas a plagas y epidemias de todo tipo.

¿No os habeis puesto a pensar algunas veces, ante el cadáver de un ser querido, en lo injusto de nuestro destino y lo amargo de nuestro dolor?. Pues bien, llegará un día en que ese dolor no exista, y la amargura no rasgará el corazón de los humanos. Ya estamos en el proceso de su consecución; nadie podría detenerlo, si no existieran las amenazas terribles de la Física nuclear o los males posibles de nuevas y desconocidas enfermedades astrales, que aumentarán la lista de las que ya tenemos y nos destruyen.

Los gobiernos de un buen número de paises dedican gran parte de su presupuesto al estudio de nuevos proyectos espaciales, de nuevas armas de guerra, de nuevas formas de destrucción y nuevos medios de transporte, pero, ¿cuánto dedican a la investigación de las enfermedades, al perfeccionamiento de las especies animales y el desarrollo de muchos cultivos?. Comparado con las cifras astronómicas empleadas en Física e Ingeniería, casi nada; y es que se ha llegado a la conclusión de que la felicidad humana se conseguirá llegando a otros planetas o moviéndose con la velocidad de la luz. Y mientras tanto, a pesar de algunos adelantos biológicos que se hacen casi por compromiso, morimos cada vez más jóvenes y más decrépitos.

La curación de nuestros cuerpos, desde luego, como ya dijimos anteriormente, está ya en el camino de la perfección, eso no podemos dudarlo, pero ¡cuántos siglos tardará la humanidad, al paso que va, en conseguir el pleno vigor de la salud perfecta?. Existe un desequilibrio profundo en las actividades humanas, mientras las tareas constructivas llevan paso de carreta, las destructoras se mueven en avión, y a tal punto, que es más probable que en los próximos años esté destruída la Tierra por explosiones, que ya han sido inventadas, pero difícilmente lograremos que se obtenga la fórmula de la eterna juventud, en ese mismo tiempo, pues esto último ni siquiera aún se sueña.

Habiendo puesto en claro, con lo dicho hasta ahora, algunos puntos que interesaban para llegar a esta parte de la exposición, y ya en forma menos soñadora, pero sí más práctica, consideremos lo siguiente:

ESTUDIOS DEL MÁS ALLÁ

La Historia de la Humanidad la escriben los hombres con sus actos, representa el Pasado y el Presente. Un gesto, una actitud, puede determinar una nueva Historia, o aún más, podemos dominarla y fabricar la Historia del Futuro, ahora mismo, en nuestro tiempo. Si hubiera un gobierno y un país, que saltando las murallas de la incertidumbre y la ineficiencia decidiera hacer Historia, y de la grande, seguro es que lo conseguiría; las páginas del pasado lo demuestran plenamente; y ya vamos llegando, lentamente, al fondo del tema.

Una nación, que por su propia cuenta se decidiera a romper con este estado de cosas, y con fuerte impulso inicial se lanzara a ser la pionera de la investigación verdaderamente biológica, en la Tierra, indudablemente tendría que salvar muchos obstáculos, pero el triunfo sería la mejor recompensa. Imaginémonos un país del planeta, sudamericano si es posible, el nuestro, por ejemplo, cuyo gobierno decidiera hacer un gasto inicial de unos cuantos miles de millones para crear un Instituto Internacional de Investigaciones Biológicas, instalado en una zona especialmente estudiada originalmente, por ejemplo, en el Estado Bolívar; tendría un cuerpo de investigadores seleccionados en el ámbito nacional, que crearían la base del Instituto, e iniciarían las primeras investigaciones sobre temas básicos. Se construirían las primeras instalaciones, y en resumen, se crearía la armazón o esqueleto de una gran institución.

Es obvio pensar, que para llegar a alcanzar resultados gigantescos, el esfuerzo ha de ser imponente, demasiado fuerte para un Estado de ingresos medianos; de ahí la denominación de Internacional. Una vez creada la base netamente nacional, se solicitaría la cooperación de todos los países de la Tierra, y a medida que las donaciones fueran mayores, se ampliarían los planes de investigación tratando de resolver los problemas biológicos de los propios paises colaboradores, los cuales, como es obvio, poco a poco irían incorporando también sus propios investigadores. Ustedes dirán que ya existen organizaciones dedicadas a la investigación y a otras actividades, en las naciones Unidas, tales como la Unesco, pero debemos reconocer que los presupuestos asignados son realmente ridículos, si se quiere obtener un desarrollo científico importante y acelerado.

Si cada país del planeta, estuviera obligado a dedicar a la investigación unificada, en un solo lugar del mundo, con la finalidad de no dispersar costos en instalaciones diversas, en proyectos paralelos, etc., con investigadores multinacionales, al menos el veinte por ciento de su respectivo presupuesto, ese esfuerzo, que aparentemente, obligaría a reducir gastos en armamento de guerra, en viajecitos de placer presidencial, que tanto se usa en las naciones, en prohibir los paraísos fiscales para tantos mandamás mundiales que expolian a su pais, creando una verdadera conciencia de solidaridad humana... en menos de veinte años tendríamos el elixir de la juventud. Los que ahora tienen más de setenta años, lógicamente pensarían en el placer de saber que sus descendientes serían algo felices, pero la gente joven, con esperanzas de vida suficientes, verían en esos proyectos un futuro promisor digno de ser aprobado en esa multitud de cámaras de diputados, de senadores y otras hierbas, que lo que hacen es buscar como quedarse con los dineros de sus respectivos paises y nunca pensando en el verdadero progreso de la humanidad.

Estamos hablando del desarrollo de los componentes físicos de los seres, pero debemos tomar en cuenta que un ser humano, cualquier otro animal o planta, tienen en su constitución algo más que materia, y que ese algo también está sujeto a evolución, cosa que ha ocurrido desde el principio de los tiempos, simultáneamente con la evolución de las especies.

9

Así como el condenado a muerte, al ver próxima la hora de su fatal destino, comienza a revivir los años que malvivió, sin pensar que todo tiene un límite en la vida; y así como al llegar su última hora parece que quisiera volver a comenzar para evitar su sino, así nosotros, con el alma llena de dolor al contemplar la muy cercana catástrofe del mundo, tratamos de implementar diferentes modos de pensar y sentir las cosas, con la finalidad de encontrar el elixir de la salvación de todos. Unos con el cerebro lleno de conocimientos, tal vez tan elevados que pueden ser jueces de una obra; otros llevando la pesada carga de la ignorancia, y a los cuales no podemos engañar, porque la conciencia nos lo impediría. Por eso, tal vez, más que por ninguna otra cosa, las ideas saldrán claras, sin ambages, de esta pluma que se siente aterrada de percibir a su alrededor el presagio de la ruina, de la muerte y del dolor.

Esta es una ciudad como otra cualquiera; nada la diferencia de aquellas de remotos lugares; su corazón es el mismo; la colectividad. Hombres y mujeres de paso apresurado, recorriendo veloces las arterias de la gran urbe; oficinas de grandes salas, donde equipos de informática, relegando a las máquinas de escribir y a las obsoletas calculadoras; con el movimiento rápido de los multígrafos, expelen al aire su monótona música; grandes fábricas donde el hombre es una pieza más de una gigantesca maquinaria; comercios de movimiento incesante, donde surgen las más extrañas mercancías y los más múltiples objetos; calles largas y pululantes de miles de seres en movimiento; ráudos transportes mensajeros del ansia y del destino.

Todo parece muy hermoso, moderno, magnífico; semeja la prosperidad y la felicidad, la ciencia inventando y el arte triunfando; el hombre viviendo y el mundo avanzando. Mas, todo eso es falso, maldito, podrido, malsano; somos unas fieras tratando de matarse; los fuertes absorben a los débiles, y éstos perecen entre la agonía más terrible y dolorosa.

Tratando de superarnos físicamente nos estamos deteriorando cada vez más y más desde el punto de vista del espíritu, del alma, de la conciencia. Estamos adquiriendo algunos beneficios materiales producto del supuesto avance científico de ciertas ramas del conocimiento, pero estamos relegando la parte más importante de nuestros seres, la que verdaderamente perdurará a través de los tiempos y que está dejando una huella indeleble, grabada permanentemente en la historia de nuestros actos, en ese gigantesco, por infinito, sistema de registro acásico mencionado supra.

Todo lo que hacemos, sea bueno o malo, según como lo queramos clasificar, queda indeleblemente marcado en esa hipotética cinta universal que funge como archivo de nuestro acontecer diario. Podemos modificar, unas veces a nuestro propio criterio, y otras al de diferentes fuerzas, el estado de la materia que manejamos, pero ¿Podremos hacerlo también con la parte espiritual de los seres?. Indudablemente que no, pes lo hecho, hecho está y no tiene forma de ser vivido nuevamente, borrando la experiencia acaecida. Podremos, perfectamente, dar marcha atrás en el tiempo, reviviendo un momento específico, pues tal cosa, indudablemente es posible, o al menos lo será en un futuro no muy lejano, pero en el registro acásico del Todo no pasará de ser registrado como una segunda vez, y jamás como la primera original.

10

Amigo lector, ¿alguna vez no te ha ocurrido sentirte de pronto rodeado de gente estúpida?. Esa sensación la tuve esta tarde... y ahora en la noche la expreso en mi pluma. Generalmente, en las sensaciones importantes, como los sueños, cuando te despiertas no te acuerdas de nada. Tal vez eso ocurre con esos momentos de "insight", durante los cuales sentimos vivamente algo diferente, que de momento cambia el curso normal de nuestros pensamientos, aportando ideas nuevas, pero que a medida que pasan las horas se van haciendo cada vez más y más lejanos... hasta que casi desaparecen. Sin embargo, cuando la idea, la sensación, la emoción, (como queramos llamarla), se hace repetitiva, es decir, no es un solo y determinado momento que la sentimos o la vivimos, sino que se repite a través del tiempo y de las diferentes circunstancias de la vida, empieza a tomar consistencia, hasta que se le dá vida real, y en esta vida nueva, de esta también nueva experiencia, notamos que poco a poco nos vamos transformando. Durante estos breves momentos, que lentamente han ido prolongándose hasta conformar un continuo existencial. Veo a la gente, algo así como a través de un vidrio de color. Por un lado, siento que estoy inmerso en una realidad falsa, en la cual debo mantener ciertas normas de conducta tanto sociales, económicas, familiares, e intelectuales, que me suenan dentro del cerebro como algo irreal, y a las cuales debo obedecer, acatar estrictamente, sin expresar rechazo alguno, mientras que por el otro, mirando a través de ese vidrio coloreado, la realidad es otra, que también pudiera ser falsa, pero que en el fondo de mi conciencia me parece ser la más verdadera de todas... la estupidez de la gente, la vanidad del mundo que nos rodea, lo absurdo de todo lo que veo... y aquí quiero explicar el por qué:

Primero que nada llega a mis sentidos un murmullo intenso, un manojo de ruidos, de sonidos que parecen algo, pero que no son tales. Si estoy en la calle, tal vez caminando por mi derecha, como las más elementales normas de la lógica recomiendan, es decir, mantener un orden en las cosas, (yo debo caminar en un sentido, por este lado, para que tú puedas a la vez caminar en el sentido contrario sin que yo te moleste), oigo como en una catarata de sonidos algo que no se entiende, pero si trato de escuchar, es decir, poner atención, intentando entender lo que oigo, descubro que el sonido viene de muchos lugares, tales como de los motores de los vehículos con tubos de escape defectuosos o inexistentes; de cauchos que al frenar chirrían, de gente que vocifera anunciando mercancías que generalmente asombran por lo banal. Con voces destempladas las de los unos, chillonas las de los otros, y terriblemente antipáticas las de terceros. ¡Dios mío, qué caos!. No sé ni por dónde empezar. Bueno, en fín, comencemos hablando de los buhoneros. Estos señores, (y señoras), en su mayoría venidos de otras tierras, son en gran parte, individuos que llegan a nuestra patria amparados por un supuesto facilismo de vida, producto de un libertinaje momentáneo, y ojalá que reversible, que afecta a nuestra nación, Allende nuestras fronteras, casi siempre de países muy cercanos al nuestro, y en particular procedentes de quienes gangrenan nuestra tierra, devoran nuestro terreno y vacían nuestra despensa. Llegan todos los días centenares, (a veces miles), de individuos desechos humanos en su mayor parte, desde esas tierras; piltrafas vivientes producto del hambre, la miseria y el delito, que a veces, huyendo de la "justicia" de sus países lanzáronse a la aventura del desposeído, que no teniendo nada que perder, tampoco tiene nada que arriesgar, y por lo tanto tampoco a nadie a quien temer, y nada que respetar, o de aquellos, que fría y calculadoramente, protegidos por recursos técnicos y financieros, se lanzan a la aventura de la especulación incursionando en nuestra vida, acaparando los insumos económicos, saturando los servicios, y lo que es peor: corrompiendo a nuestra otrora sana población. Muchos de ellos son vagos de oficio, otros muchos se comportan como delincuentes, y los más son ambas cosas, basura humana que siente desprecio por nuestros nacionales, y que se agrupan para "cayapearnos". Esos son los buhoneros trranshumantes gitanos nómadas de otras tierras, muchos identificables por el bolso-barriga que llevan colgando encima de su bajo abdomen, como si fueran marsupiales, de donde tan fácil es sacar el dinero para dar el vuelto de la venta, como extraer un arma si descuidadamente le rozas lo que extienden por los pisos de las aceras. Ahora veamos qué es lo que venden: Basándose en que los niños latinos, supuestamente, son más toscos que los orientales, en los lugares de su producción fabrican unos objetos, con apariencia de juguetes, hechos de plástico endeble y quebradizo que no dura ni el tiempo de caer en la bolsa del que los compra. Cuando se les reclama, simplemente aducen que han sido tratados rústicamente. Los venden relativamente baratos comparados con los americanos o europeos, pero duran la milésima parte de tiempo que los de calidad. La ropa que expenden, de marcas afamadas, casi siempre son falsificadas, y tan malas que de saber su verdadero origen nadie las compraría. Si les compras una herramienta, por ejemplo un destornillador... apretando el primer tornillo se le sale el mango, y por lo tanto ya no te sirve para nada. Obviamente, ese tipo de negocito sin control de ninguna clase también se presta para vender objetos producto del delito.

Es obvio que el que vende el producto no es culpable de la mala calidad de su fabricación, pero se convierte en delincuente si hace creer al comprador que es algo eficiente, y por lo tanto le permite aumentar su valor de venta en forma ampliamente exagerada, hecho calificado como delito en cualquier ley sana del planeta. (Aquí hago una delimitación de esas tales leyes, denominándola sana o lo contrario, pues sabemos que en muchos paises de nuestro acongojado astro, existen leyes que son sanas para ellos, pero no para la gente algo más civilizada, como es el hecho de poder lapidar a una mujer, despedazarla a latigazos, si el jefecito de su familia de seudo-simios da la orden para tal cosa.) Estamos hablando del Islam, tan salvaje actualmente como eran los avasallados por la Inquisición de antaño otros siglos decadentes.

Continuaremos hablando del Tráfico: Aquel que maneja o ha manejado dentro del tráfico de la gran ciudad, puede, o ha podido darse cuenta de tantas... y tantas cosas,,, ¡por ejemplo!: La mayor parte de los conductores no sabe ir entre las líneas de su canal de circulación. Hay algunos que se cambian sin necesidad, otros que lo hacen cuando no deben, y un gran número de ellos, pareciera que no saben donde está dicho canal. ¿Cuál puede ser la causa?. Son tantas las posibilidades... Mejor sería analizar quien es el que sí va por donde debe: a) La persona que ha tomado un curso, o que ha practicado lo suficiente para tener control del volante; b) Aquellos que sienten respeto por las demás personas, es decir, aquellos que saben que el que va al lado de él tiene derecho a estar seguro de que nadie lo va a embestir por un lado de su vehículo; c) Las personas equilibradas física y psicológicamente, y que por ello son capaces de autocontrolar sus movimientos físicos y su pensamiento para poder emitir una adecuada conducta; d) Aquellos que saben medir los riesgos de no ir por el camino señalado por las líneas de la vía, es decir, quienes son capaces de dilucidar entre una situación potencialmente peligrosa y otra que no lo es. Si lo anteriormente dicho se refiere a los que van por su vía, veamos en consecuencia quiénes son los que no lo hacen; a) Los que no saben manejar, es decir, que no han tomado un curso adecuado, o simplemente, no tienen suficiente experiencia para llevar en sus manos el volante de su vehículo; b) Quienes no sienten el menor respeto por sus semejantes, es decir, aquellos que piensan que las vías son para ellos únicamente, y que los demás transeúntes son molestias a su personalidad exigente, ególatra y acaparadora; c) Los individuos que no tienen su cuerpo sano y normal, y que por tal motivo son incapaces de controlar los movimientos musculares de su cuerpo, en forma tal, que su vehículo vaya correctamente por donde debe, sin ocasionar daño a otros. Mentalmente son incapaces de autocontrolarse, a tal punto, que no pueden ni saben emitir conductas de respeto al prójimo; d) Aquellos individuos que carecen de la suficiente sensibilidad e inteligencia para poder dilucidar entre situaciones seguras o de peligro. Estos son

FERNANDO HERRERA ÁLVAREZ

potencialmente individuos productores de accidentes o de inconvenientes diversos.

Haciendo estas reflexiones no nos queda otro remedio que deducir cosas realmente graves, tan graves, que ponen entredicho muchos de los asertos que damos por asentados y sin posibilidad de objeción, como por ejemplo: La mayor parte de la gente piensa que el ser humano es algo infinitamente superior dentro de la "creación"; muchos son los que se enorgullecen de pensar en que sobre sus hombros va la cabeza de un "homo sapiens"; otros muchos están seguros de que nuestra civilización es algo sorprendente, y que el solo hecho de manejar artefactos tan sofisticados y tecnológicamente avanzados y complicados, como aquellos de los que disponemos, son motivo suficiente para estar seguros de que somos superinteligentes, y que somos casi genios, pero en verdad no hay nada más alejado de la realidad, (y esto que voy a decir le va a caer muy mal a multitud de esos cuasigenios). En efecto, nuestra actual civilización maneja muchos elementos avanzados, muy especialmente logrados en los últimos años, que realmente son sorprendentes. Esas complicadas maquinarias industriales, esos microscópicos componentes digitales que hacen maravillas en la electrónica, la computación y tantas otras ramas de la ciencia; así como esos vehículos majestuosos y veloces que surcan los aires o la superficie de la tierra y el mar, y que verdaderamente parecen cosas casi sobrenaturales, cosas que supuestamente las hemos hecho nosotros, los superdotados seres humanos, los casi genios de la "creación"... y no digamos más si comparamos los adelantos médicos, químicos, farmacéuticos, tanto en cirugía como en terapias de cualquier índole. ¿Verdad que somos genios?. Podemos cambiar un corazón o un riñón, injertar una pierna cortada, corregir un trastorno ocular, destruir un ejército de bacterias... pero todo eso, señores lectores ¿creen que podría hacerlo un sujeto que es incapaz de manejar siguiendo su canal de circulación?. ¿Podrá hacerlo un borracho, un demente o un retardado mental?. ¿Será posible que esa cosa la haga un drogadicto, un vago, o un inepto?... ¡Imposible!. Las personas capaces de hacer esas maravillas, lamentablemente, no son la mayoría de la población humana, pues esa gran mayoría es inepta, primitiva, retardada, soez y apática, demente en muchos casos, víctimas de graves vicios, ignorantes y agresivas, toscas, incapaces de profundizar en un pensamiento filosófico. Esa gente solo piensa en el placer inmediato, tales como el sexo, el lujo, la vagancia. La mayor parte del ser humano no es capaz de crear lo que ha forjado una minoría. Cada cien primitivos hay un solo evolucionado; por cada sabio que crea el complicado mecanismo de un juego de Nintendo hay cien energúmenos delante de la pantalla de su monitor brincando, gritando, echando maldiciones, incapaces solemnemente de entender como pudo ser hecho ese juego maravilloso. Por cada experto ingeniero, creador de avanzados mecanismos para los vehículos, por cada chofer consciente que sabe apreciar el valor de esa imponente máquina que es su auto, existen por lo menos cien bestias humanas que se aferran a su volante como demonios, irrespetando al prójimo, que ni siquiera saben manejar derecho por su canal de circulación... a tal punto llega su torpeza, su ineptitud, su estupidez.

Es verdaderamente triste darse cuenta que la especie humana a evolucionado por dos caminos opuestos. Por un lado lo ha hecho asombrosamente, creando maravillas, por el otro lado a involucionado desastrosamente, creando miseria y dolor. Es muy difícil saber exactamente en que proporción se encuentran relacionados ambos procesos. Yo podría decir, arbitrariamente, que son uno a cien, pero también podría decir que la relación es uno a un millón, y usted, como yo mismo, seríamos incapaces de decir cual es la más próxima a la verdad. De lo que podemos estar seguros es que por un lado el ser humano se ha dignificado por la vía de la superación en todos los campos del conocimiento, mientras que por la otra ha seguido siendo una bestia salvaje, o aún peor que eso. Parece como que conformamos dos especies de "homo sapiens", el "homo informaticus" y el "homo brutus", este último abundante en extremo, ambos conviviendo en el mismo planeta, los primeros produciendo, trabajando, creando, y los segundos holgando, disfrutando, destruyendo lo producido por los primeros.

Es obvio que esta gran diferencia entre unos seres y otros, de la misma especie, tiene que estar correlacionada con la otra faceta del ser: el espíritu, la parte inmaterial e inmortal del ser. Si damos por hecho que el espíritu es el que mueve la acción vital, el cuerpo... es lógico deducir que si tal individuo realiza actos conductuales poco evolucionados, también su parte espiritual carece de tal desarrollo, por lo que podemos declarar, sin temor a equivocarnos ni en un ápice que la "calidad del espíritu de un ser es directamente proporcional a la calidad de su espíritu".

11

Tomando en cuenta solamente la parte material de un ser, podemos decir que no hay nada más grande que el cerebro humano; no hay nada más poderoso que la mente de un ser en estado de agonía. Cuando la muerte viene, todo se acerca. Nuestro pensamiento, fecundo entonces en ideas sobrenaturales, llega a lo más profundo del ser, en los recónditos senderos del cosmos. Por este motivo, lo sobrenatural, llegando en alas de la muerte, hace que veamos alucinaciones que no son tales, sino realidades. La muerte nos arranca el cuerpo en la forma más irresistible, pero el alma... el alma, volando al Más Allá, se acerca, poniéndose en contacto con los seres etéreos.

"Llegados a este punto, quiero hacerles una pregunta: Amigos o enemigos, ¿qué es la muerte?. Vosotros no sabéis lo que es la muerte porque no habéis estado en ella. Sin embargo, yo, yo... sí lo sé. Yo he retornado de ultratumba; yo se los misterios que encierra el Más Alla. Yo he descarnado mi cuerpo y me he sentido solamente espíritu. Yo he vibrado de emoción al sentir que el alma es algo inmenso, algo más que para un ser humano: para un espíritu inmortal. Yo he sido capaz de desdoblarme".

Estas palabras, dichas por mí en el contexto de este pequeño tratado de lo que se encuentra más allá de la materia, parecieran absurdas, ilógicas, pues sabemos que el que muere, es decir ha dejado de tener funciones corporales, está muerto, y por lo tanto no puede regresar a su estado inicial, al menos durante la presente época de la historia, pero si haciendo abstracción de tal idea, nos enfocamos en otros aspectos del ser, en la parte no perecedera del individuo, es decir en el espíritu, no tiene nada de extraño leer lo que hemos escrito. Una especie de simil de muerte es el estado de catalepsia, por el cual muchísimos, incalculable número de casos han sido llevados a la muerte real al encerrarlos, por incapacidad de conocimientos, y hacer que mueran asfixiados en cualquier tumba impenetrable. Cualquier persona que haya sufrido un trance similar, pero a última hora se haya salvado del final, podrá decir lo que hemos expresado anteriormente.

Pero sin llegar al extremo de tener que sufrir de catalepsia, podremos tener una experiencia cuasi-similar durante el proceso de desdoblamiento astral, en el cual la mayoría no cree, pero tal cosa no es óbice para que no exista verdaderamente tal fenómeno.

Para lograr tal estado se requieren algunas condiciones casi indispensables, como son: tener capacidad para interpretar los hechos, analizarlos, y en consecuencia creerlos; estar en condiciones de salud que no causen excesivo malestar físico, salvo que la persona practicante sea capaz de manejar la sensación de dolor, previamente, mediante algún proceso de autohipnosis; ubicarse en un lugar aislado sin interferencia de otras personas; evitar situaciones que produzcan malestar, como exceso de calor o frío, mucho viento, ruidos excesivos; no tener preocupaciones intensas en el momento del acto, las cuales pueden ser dejadas en forma latente mediante algún recurso psicológico diverso previo.

Cumplidas las anteriores condiciones el siguiente paso es el de evitar el estado de ansiedad, el temor al fracaso, o a algún hecho sorpresivo. La mente debe ser dejada libre de preocupaciones, pensar que si se obtiene el desdoblamiento, bien recibido será, pero si no se obtiene en ese momento, eso no implica negativa para que se logre en otro intento, que puede ser casi inmediato o postergado para otra ocasión.

Es imprescindible dominar algún proceso de relajación, no importando cual sea, siempre que el resultado signifique la placidez muscular casi total, acompañado del reposo mental más amplio. Hay técnicas de Yoga aplicables para el caso, o bien tecnologías psicológicas modernas como la utilización de la relajación científica de Jacobson o Shultz.

Habiendo logrado todo lo anteriormente citado, nos podemos disponer a inducir el proceso de desdoblamiento astral de nuestro espíritu, el cual significa hacer que el espíritu que está conectado constantemente a nuestro cuerpo físico nos permita la liberación total de nuestra capacidad de ver, oir, tocar y oler y gustar, además de otras particularidades senso-riales que podremos apreciar en ese estado, si lo logramos, y que no son normales en la condición física, tales como la percepción total del espacio que nos rodea, la sensación de un conocimiento total de lo que deseamos penetrar, de una capacidad amplia de ubicarnos en cualquier lugar del espacio, independiente-mente de la distancia, además de la sobre-actividad de las funciones que poseemos nor-malmente como es el caso de la visibilidad de colores desconocidos para nosotros a inten-sidades mucho más intensas, sonidos mucho más variables y significativos que los que acostumbramos, y si acaso hacemos intentos de percibir otras sensaciones, como las que parecieran ser imposibles para algo inmaterial como el tacto, el olor y el sabor, aún no ejecutando el movimiento correspondiente seremos capaces de conocer su resultado plenamente, sin equivocación posible solamente con desearlo. Todo esto pareciera fantasía de un escritor alterado emocionalmente, pero afortunadamente no es así, y muchos otros autores lo han descrito basado en experiencias propias, al igual que yo lo hago por haber tenido las mías individualmente.

12

Estoy solo en mi casa. La terraza del último piso me permite ver, además de un paisaje lejano de montañas y cielo, casas y más casas, ranchitos de madera, y mansiones lejanas. Todo un contraste de poder económico. Automóviles lujosos con choferes malen-carados, "dueños del mundo", y pobres cacharritos desvencijados, pistoneando y crujiendo, manejados por gente de rostros muy diversos.

Ver todo ésto, una y otra vez, día tras día, mes tras mes y año tras año, me ha hecho pensar muchas veces en lo poco equilibrado y justo que parece ser es este mundo. Alguna vez que otra, he pensado también: Si existe un Dios, como pregonan las religiones, ¿por qué, con su omnipotencia no nos ha hecho algo felices?. Quisiera poder hablar con Dios, y poder preguntarle personalmente: ¿Quién eres Tú realmente?.

¿Si es verdad que todo lo haces, por qué te portas tan melindrosamente con nosotros los humanos?.

Cierto día, hace muchos, muchos años, en que después de pensar un poco en todas estas cosas, como lo hacía siempre, y ya algo aletar-gado por el cansancio del diario devenir del trabajo, de pronto, ¡oh milagro!, creí escuchar la voz de Dios que me decía: "Fernando, levanta tu espíritu; estoy aquí para complacer tus deseos, puedes hacer todas las preguntas que te inquie-tan".

Un poco confundido por lo inesperado del asunto, después de recapacitar un momento, tuve la siguiente reflexión: Puede que sea cierto que existe Dios, y que este sea el momento para comprobarlo; no puedo estar soñando porque me toco y me siento, y todo lo que me rodea es lo que veo todos los días del año.

--Está bien, Dios, acepto tu oferta. Pero quiero antes, asegurarme de algo que es impor-tante para mí, antes de iniciar nuestro para-fraseo: ¿Si te hago preguntas que te ofendan o te digo cosas que siento, pero que tal vez no te gusten, te vengarás de mi matándome, volvién-dome ciego, sordo, loco o arruinado?.

--No, amigo mío, te prometo ecuani-midad, no voy a ser el Dios vengativo que fuí con Abraham o sus descendientes.

--Acepto tu promesa. Comienzo a ver algo bueno en Tí, si es que la cumples. Mi primera pregunta es ¿Quién eres en realidad?.

--En verdad, querido Fernando, no soy lo que la gente, en sus diferentes religiones creen que soy. Obviamente, no estoy constituído por un único, omnipotente, dadivoso y complaciente ser. Eso lo implementásteis vosotros los humanos, para englobar en una sola cosa la solución de todo lo que no podeis entender, por ser vuestro entendimiento muy pequeño comparado con la infinita sabiduría de los universos.

--Si no eres uno, ¿quién o quiénes sois?.

--Despacio, despacio, todo a su tiempo; si te lo digo de golpe, no lo entenderías. Debo hacer que poco a poco, entre en la capacidad de raciocinio de tu cerebro. Primero debo darte una clase de Física, pues Yo, Dios, soy algo material, real; no soy ficción, verdaderamente existo, y trataré de decirte el cómo y el por qué de todo ésto. Creo que sabes algo de esta materia, pues estudiaste bachillerato en Ciencias, (y aprovecho para decirte, que antes de que te mueras, que será dentro de muchos años más, habrás aprendido tantas y tantas cosas sobre todas las Ciencias que manejais actualmente los seres humanos, que serás otra persona, tan diferente, que nunca me harías en el futuro estas preguntas que me haces ahora. Dado que me consta, que lo que estudiaste hasta ahora lo has hecho con verdadero cariño, y no como el resto de tus compañeros que lo hicieron solo por el tonto lujo de llamarse bachilleres; no te será nada difícil entender lo que te voy a explicar. Antes de continuar leyendo, te pido, por favor, que momentáneamente te olvides del concepto de Dios, por lo tanto que no pienses que estás hablando conmigo, ni que soy yo quien te explica, sino cualquier persona que le agrade el tema; y que leas no dejándote llevar por viejas concepciones arraigadas en tu mentalidad:

Es posible que estas palabras, relatando lo creí me aconteció te parezcan torpes, estúpidas y vanas. Tal vez tengas razón, pero antes de juzgar te rogamos leer hasta el final, con toda la calma que te permita el ánimo. De pronto, aquello que me decía Dios, en persona, me dio la impresión de que lo decía yo mismo... y hélo aquí:

Vamos exponerte alguna de las hipótesis que excitan nuestra curiosidad y creo que también la tuya. No esperes encontrar un vocabulario técnico complicado y resonante. Nuestra exposición será clara, pensando que la leerás, no solamente tú, sino también aquellos que no alcanzaron tu grado de comprensión científica.

Para que puedas comprender a cabalidad lo que vas a leer, deberás, necesariamente, hacer un esfuerzo de abstracción, que tal vez te signifique concentrarte. Recuerda bien: Lo que importa no es la forma, sino el fondo. Recurriremos a un artificio. Por favor, una vez que hayas dado el primer paso en esta idea no retrocedas, sigue adelante, déjate llevar por nuestras palabras hasta el final, como en un torbellino. Si en un momento dado sientes angustia interior, debido a las nuevas y extrañas ideas que afloran a tu mente... no desmayes, no corres ningún peligro; estás leyendo lo que piensan otros, tú sólo eres el espejo que refleja la imagen de otro pensamiento. Cuando te hayas imbuído totalmente de él, haz tus propias conclusiones, medita y exponnos tu opinión sincera. ¡Adelante!

Imagínate estar en el campo; a tu alrededor pequeñas piedrecillas entremezcladas con diminutas plantas; a tus piés un riachuelo saltarín, chisporroteando gotas cristalinas, desciende por el tenue declive arenoso hasta perderse en la curva de un otero. Al fondo, montañas grises, partidas por el azul de las nubes, centelleantes de un sol semioculto en la tarde agonizante, sirven de marco a algún que otro árbol diseminado en la pradera exhausta.

Imperceptiblemente, todo crece a tu alrededor, los pequeños guijarros aumentan de volumen; los árboles solitarios elevan sus ramas hacia el firmamento, cada vez más altas; las montañas, dibujadas como sombras, parecen aún más altas y más lejanas; el riachuelo va alejando sus orillas y se convierte en un ancho río, el estrépito de sus aguas, al chocar con las piedras que lo salpican, aumenta. Pero donde más se nota el crecimiento es cerca de tí; las pequeñas florecillas se desarrollan a un ritmo enloquecedor, cuando apenas te distes cuenta que llegaban a tus rodillas, alcanzaron tu hombro y van más arriba de tu cabeza. Pero no, no creas que todo crece, simplemente, tú, únicamente tú te estas achicando, lo demás está igual, pero tus sentidos creen lo contrario.

Para tus ojos extasiados, el prodigio sigue en aumento, las pequeñas piedrecitas que surcaban tu camino son gigantescas rocas que te obstruyen el paso; ya no ves el río, ni las montañas, ni los árboles enormes. Te encuentras en un valle rocoso, rodeado de grandes megalitos de formas caprichosas, cuyas bases son inmensas cuevas, donde gigantescos animales, parecidos a insectos, pero de dimensiones colosales, se deslizan a velocidades nunca imaginadas; inmensas moles voladoras que baten sus alas cerca de tí, provocando huracanes devastadores.

Pero, todo pasa, crecen tanto que ya no las ves; la roca más cercana a tí ya no tiene fin, se pierde en la inmensidad de las alturas. Su superficie comienza a parecer extraña; lo que en un principio eran cuevas, ya no son tales, es una armazón rara y caótica digna de una mente alucinada; largas columnas sin fin, formando arcos gigantescos, semejantes a infinitas cúpulas de catedrales góticas superpuestas en todas direcciones: Estás viendo las moléculas de la materia que te rodea.

Mas, no has llegado al final de tu viaje. En este momento ya no tienes sensación de pisar nada, estás flotando entre fuerzas de diferentes direcciones que te atraen y te repelen con gran energía. Pareces vagar en el espacio llevado por vientos imaginarios que no ves ni sientes. Y tú sigues achicándote, volviéndote más y más pequeño. Por tus ojos pasan objetos que crecen y se alejan perdiéndose en el infinito. Misteriosas luces rasgan tu campo visual y desaparecen casi al instante.

De pronto crees estar pisando algo, ese algo crece, crece cada vez más, tanto que ya abarca el horizonte, y empiezas a ver de nuevo piedrecillas a tu alrededor, montañas a lo lejos... y árboles. ¡Sí!. ¿Por qué no?. También puedes ver árboles, plantas de todas clases, y allá arriba, en lo alto, un raro sol de varias esferas. En este momento acabas de llegar al nivel atómico, te encuentras posado sobre un electrón del tamaño de un planeta, y el múltiple sol que ves en lo alto, es el núcleo atómico de un nuevo sistema, un sistema solar de "una dimensión inferior a la nuestra".

Habiéndonos valido de esta descripción de tipo literario, para facilitar la explicación, hagamos ahora algunos comentarios hipotéticos sobre el asunto.

Consideremos que nuestra dimensión, aquella en que vivimos y excitan nuestros sentidos es la dimensión "n", aquella a la cual llegamos imaginariamente será la "n-1". Pero veamos, una vez colocados en esa dimensión inferior, pero en las mismas condiciones que en la nuestra, podremos repetir la experiencia alucinatoria y llegar así a una nueva dimensión "n-2", proceso que podrá ser realizado indefinidamente hasta "n-infinito"

Veamos el caso inverso: ¿Pueden ustedes imaginar lo que significaría la "n+1", "n+2", "n+infinito"?. Mediante la "n+1" todo nuestro sistema solar sería un átomo de otra dimensión, nuestro planeta Tierra, un electrón del mismo, y ese sol brillante que nos alumbra y dá vida, un simple núcleo de ese uno entre infinitos átomos de esa otra dimensión. Y ya en esta otra, a su vez, podríamos repetir el procedimiento ascendente hasta la "n+2" y así hasta el infinito.

Analicemos ahora una serie de consecuencias lógicas de estos conceptos ya emitidos, y entiéndase bien que decimos "lógicos" porque se basan en el raciocinio que haríamos con otros elementos menos fantásticos para el criterio corriente, considerados en las mismas condiciones de estudio.

Si ésto es así, como hemos querido suponer, involucra que en nuestro propio cuerpo llevaríamos infinito número de universos, lo que a su vez sería la base de otro infinito número de infinitos. Por otra parte, nuestro universo podría ser parte de la sustancia constitutiva de otro universo de mayor dimensión. En otras palabras, pudiera ser que todo el conglomerado estelar de nuestra galaxia, fuera un simple objeto: una roca, un ser vivo o quién sabe qué, de ese gigantesco mundo de una dimensión mayor, y la llamaríamos "n+1". Recuérdese que el proceso se repetiría hasta el infinito.

Ahora, en cuanto a otros tipos de vida, sería absurdo pensar que nosotros poseemos el único planeta habitado del Cosmos. Suponiendo que sólo hubiera uno más, además de nosotros, entre el infinito número de planetas que se supone girarán alrededor de esas brillantes estrellas que observamos, podría decirse lo siguiente: El concepto de infinito implica que cualquier división que se haga de él hará que las partes resultantes sean también infinitos, cada uno de los cuales tendría también al menos un planeta habitado. Resulta, por lo tanto, que existe infinito número de planetas habitados.

Si esas consideraciones se hacen extensivas a variaciones en la calidad de esa población, que nos daría, mediante el mismo razonamiento, infinito número de grados de cultura, morfología, estructura interna, etc., a su vez, llegaremos más allá, tal vez mucho más de donde la pobre mentalidad humana, (sin lugar a dudas, un simple promedio en el universo), pueda tal vez concebir. Todos estos cálculos podrían también aplicarse a diferentes condiciones, no ya en el estado de dichas poblaciones, sino su posición en el tiempo. Ésto daría por resultado, que lo que está ocurriendo aquí ahora, puede, matemáticamente, estar pasando exactamente igual en infinitos lugares del Todo. (Observemos que no usamos en este caso la palabra Cosmos, ya que ella representa sólo nuestra dimensión, mientras que el Todo sería todo lo que existe).

Tratando de llegar aún más al fondo de esta idea, podríamos empezar a crear conceptos nuevos, no ya como dimensiones superiores o inferiores, sino algo así como "dimensiones paralelas", a cuya realización contribuiría, sin lugar a dudas, el estudio de la Teoría de la Relatividad de Einstein, pero mucho más avanzada que ella, que nos permitiría dejar atrás ese incipiente estudio, de indudable utilidad, pero que quedaría en desuso a la luz de las nuevas concepciones universales.

Es obvio, por todo lo anteriormente expuesto, que todo lo que vemos es irreal; la verdadera esencia de las cosas no se muestra a nuestros sentidos. Unicamente percibimos una particular interpretación, de acuerdo a la capacidad de análisis que tenga un observador cualquiera, usando los recursos de los que le proveyó la naturaleza. Por ejemplo: un terrícola, en Venus, tal vez no vería jamás el firmamento, pues el gran calor de la superficie del planeta seguramente volvería refractaria su atmósfera. En vez de estrellas, vislumbraría la imagen de su propio suelo. Y no por éso las estrellas dejarían de existir, pues simplemente no se tendría conocimiento de ellas, por carecer de elementos sensoriales, que atravesando la espesa capa atmosférica de nuestro vecino planeta, captaran esas imágenes ópticas.

Así, tal vez, pase igual con todo lo que creemos ver; nuestra propia conformación física y mental nos ha dictado reglas de estética, moral, etc., que son buenas o malas porque nosotros estamos constituídos en forma tal, que así nos parece. Para otros seres que no posean nuestras cualidades, sino otras mejores o peores, el mundo será diferente, cada vez más diferente, en la medida en que sean diferentes sus sentidos.

Para finalizar, por los momentos, quiero hacer una última observación de tipo temporal: El hecho de que un electrón gire vertiginosamente alrededor de su núcleo, comparado con su tamaño, puede relacionarse con el tiempo que tarda la Tierra en dar una vuelta alrededor del sol. La gran diferencia en tamaño, también se aprecia en el tiempo. Pero a pesar de ello, para un habitante electrónico, un año seguiría siendo una vuelta alrededor de su núcleo, es decir, de su sol. Esto ocurre en fenómenos que vemos con mayor frecuencia como el hecho de que los insectos vivan apenas algunos días en muchos casos, mientras que su velocidad de traslado, en comparación con su tamaño es enormemente grande. A nivel atómico las diferencias son indudablemente enormemente más grandes, pero similares en su base. Si pudieramos preguntarle a un mosquito sobre su vida, seguramente haría una descripción semejante a la nuestra, en la cual un minuto de su existencia tal vez lo considerara un año.

Pensemos en algo como ejemplo de lo que estamos describiendo: Si un químico de la dimensión n+1, tuviera en sus manos dos probetas y dejara caer de la superior a la inferior una sola gota de ese líquido, esa gota podría ser nuestra propia galaxia; el tiempo de caída, toda la existencia de nuestro universo; el momento de choque con la probeta, la catástrofe universal que algún día llegará o que ya estamos viviendo, sin darnos cuenta, cuando alcancemos a chocar con la constelación de Hércules, dentro de varios millones de años. En definitiva, ese químico de la dimensión n+1, será algo así como nuestro Dios, creador de nuestro universo; dicho Dios, a su vez, estará sujeto a la probeta de tal vez otro químico de la n+2, etc.

Por nuestra parte, nosotros, inconscientemente, seríamos los dioses de seres que viviendo dentro de nosotros mismos, o manejados por nosotros mismos, en infinitésimas partes de nuestro tiempo, tendrían largos períodos de vida y procesos de creación y destrucción, como los nuestros, pero a una velocidad para nosotros vertiginosa.

Hay muchas cosas más que se pueden derivar de estas hipótesis. Si pudiéramos algún día demostrar alguna de ellas y convertirlas en leyes, nuestro triunfo sería inmenso; nuestra visión del Mundo, del Universo, del Cosmos, y del Todo, que nuestra pobre mente, todavía no evolucionada biológicamente nos impide comprender, tal vez nos diría de una vez y para siempre: ¡Qué somos, qué hacemos y para qué vivimos!."

13

La anterior teoría, expresada literariamente con cierto temor de que nos tilden de locos, fuera de mentiras, encubrimientos y otras supercherías, estamos seguros que será capaz de creerla firmemente cualquier ser humano de mente apta, consciente de lo que significa profundamente su descripción, ayudado por algunos simples conocimientos matemáticos y de lógica que pueda poseer. Ojalá que la especie humana, que sólo se preocupa de cosas vanas, fútiles y egoístas, comprendiera el significado de esta concepción del Todo, a la luz de la más sincera de las interpretaciones.

De acuerdo con lo expresado, Dios, como tal, en la concepción religiosa, no existe, pero si existen infinito número de seres materiales, que interactúan entre dimensiones, fungiendo de dioses sin saberlo, sin conocerlo, realizando actos tales como crear, destruir o similares, sin tener verdadera conciencia de lo que hacen. Nosotros, cada uno de nosotros, somos el dios de todo lo que tocamos, o lo que tenemos dentro de nuestro organismo, realizando actos que pudieran ser interpretados por los seres de la dimensión inferior, como nosotros lo hacemos con el Dios de las religiones, sin que realmente sea la verdad. Obviamente, esta concepción puede ser analizada minuciosamente y llegar a conclusiones mucho más amplias y detalladas, relacionando unos dioses con otros en diferentes formas y situaciones, pero dado que en verdad, esa función de dios que podemos atribuírnos desde un punta de vista físico-matemático, no es verdaderamente, ni parecida, a la que se le atribuye a los dioses de las religiones, no debemos preocuparnos de tal caso en la forma en que sentimos superiores a esos seres de número infinito. No tenemos el sentimiento verdadero de lo que realizamos, o al menos de la capacidad que poseemos, por lo tanto, no estamos fungiendo de verdaderos dioses. Valga esto, únicamente para que se entienda a plenitud, o al menos aproximadamente, lo que verdaderamente es un Dios, y que su poder, tal como explican las religiones, no es único, pues ese Dios debe compartir poderes con un número supra-infinito de otros seres semejantes.

14

Hace muchos miles de años, tantos que nuestro aspecto físico era totalmente diferente;

teníamos amplio vello por todas las partes del cuerpo; caminábamos inclinados; nuestros alimentos dependían de las bondades de la naturaleza y de la fuerza de nuestras manos para matar a otros animales menos desarrollados que nosotros. Nuestro pensamiento era muy primario, a tal punto que nuestra única actividad era la de procurarnos alimentación y tener sexo con alguna hembra de nuestra manada. Como animales que éramos, peleábamos por poseer al sexo opuesto, sólo por el impulso generado por las hormonas sexuales. No existía verdadero cariño por nada ni por nadie. Nuestro lugar de residencia podía ser una cueva hoy y mañana otra. El fuego producido artificialmente era desconocido, y adorábamos el que producía la naturaleza en forma espontánea. En un principio ese fuego era nuestro primer Dios. Le asignábamos el papel de destructor de todo, de castigador, era por tanto un dios impío, bestial, salvaje, propio de la ignorancia que padecíamos, antes de que fuéramos verdaderamente humanos. En nuestro pobre pensamiento, enmarcado únicamente en alimentación y sexo, todo lo que ayudaba a procurárnoslo era nuestro protector y si hacía lo contrario era nuestro enemigo. Teníamos dioses que nos protegían y dioses diablos que nos dañaban. Así nacieron nuestra primeras creencias en divinidades. Cuando nuestra inteligencia se desarrolló un poquito más, le encontramos importancia a la luz solar, que nos facilitaba poder ver a nuestra caza o a nuestros enemigos, y le tuvimos temor a la noche, y todo lo que la recordaba. En esos momentos de nuestra existencia surgió un nuevo dios: el Sol, al cual debíamos respeto, para que se portara bien con nosotros y nos facilitara la caza diurna.

A medida que nuestro desarrollo psíquico iba prosperando, aunque muy, muy lentamente, le asignábamos importancia a muchas otras cosas que iban surgiendo dentro de nuestra vida cotidiana. Empezamos a creer en las supersticiones, y en base a ello le asignábamos poderes a fenómenos naturales, tales como la lluvia, el viento, además del ya consabido sol, al cual se anexó la Luna, cuando la casualidad producía efectos beneficiosos otorgados por los fenómenos selenitas. A medida de nuestro avance mental, desarrollábamos nuevas formas divinas, y llegamos a tener dioses especialistas para tal o cual cosa en particular. Así aparecieron los ídolos, a los cuales les asignábamos los poderes de saber las cosas que nosotros no entendíamos. ¡Qué felicidad, quitarse de la mente preocupaciones por cosas que no éramos capaces de comprender, echándole la culpa de todo a cualquier dios!. Así empezaron a nacer las religiones, como producto de cultos y ritos desarrollados a dioses particulares

.

Más adelante, cuando el cerebro humano, ya había sobrepasado el nivel de hormiga, y estaba próximo al de chimpancé, teníamos diferentes tipos de religiones, a las cuales teníamos que pagar prebendas, que bien podrían ser con cabezas de nuestros enemigos, con sangre de nosotros mismos, o con productos que bien podríamos usarlos como comida en vez de desperdiciarlos con esas torpezas propias de animales primitivos. Llegó un momento en que para resolver la lucha entre diferentes dioses, creamos el concepto de un único Dios, al cual le pusimos nombres diferentes, empezando por el mismísimo de Dios, siguiendo por el de Jehová, y un poco más adelante por el de Alá, los cuales, a pesar de tener iguales poderes parecían no tener competencia entre sí, y se soportaban mutuamente.

Pero, ¡oh!, que la naturaleza humana, a medida que se iba desarrollando intelectualmente, tenía más y más problemas que resolver, y también que en muchas oportunidades no encontraba respuesta para tales problemas, o tomaba una, en forma equivocada, que daba como cierta. Así empezó la competencia entre los tres grandes dioses, que a pesar de que en apariencia eran uno solo, en realidad eran tres, cada uno con su rebaño particular. Y entonces empezó la matanza de los unos contra los otros, en la esperanza de que el dios ganador pudiera resolverles los problemas a todos.

En la época en que el hombre ya tenía la cabeza capaz de entender lo que era inteligencia o brutalidad, estaban en su apogeo las tres grandes religiones occidentales, Cristianismo, Islamismo y Judaísmo, y las tres empezaron a pelear entre sí para demostrar que su dios respectivo era el que mandaba en nosotros, los pobrecitos humanoides. Estamos en el siglo XXI, y todavía existe esa pelea no resuelta; es más, las barbaridades que cometieron los primeros cristianos a título de honrar a su profeta Jesucristo, o las igualmente salvajes de los seguidores de Mahoma o de Abraham, siguen causando desastres extremos que producen guerras contínuas, actos de terrorismo salvajes, intrigas palaciegas, esclavitud femenina, y tantas otras barbaridades propias de los salvajismos que propugnan las religiones, que todavía no han encontrado cuál es el verdadero Dios de todos.

En la anterior reflexión, exponemos, científicamente, quien es el verdadero Dios de todos, es decir cuáles son los infinitos dioses de todo y de todos, lo cual puede tal vez resolver la matazón entre las tres religiones que se creen grandes, pero que no podrá acabar con la ola de crímenes, que amparados por sus estúpidas creencias y ritos a veces criminales, siguen asolando la faz de nuestro atrasado planeta de humanoides. Quiero hacer cierta salvedad con los budistas, que aunque no están entre las tres grandes, creemos que están más próximos al ser humano real que las demás. Mientras tanto, musulmanes, seguid teniendo de esclavas a vuestras mujeres, asesinándolas si no os besan los piés, o matándose, estúpidamente, a título de llegar a un cielo que creen tener todas las religiones, pero que en realidad no son sino fantasía de mentes alucinadas, (o aterrorizadas por los supuestos castigos del Más Allá); y vosotros los que os llamáis cristianos, por vuestro líder llamado Jesús, aunque ahora más bien sois las víctimas del Islam, recordad las barbaridades que hacíais en la Edad Media, y que no habeis continuado, no porque no lo deseéis, sino porque generalmente vivís en paises más modernizados que impiden, por sus leyes que sigáis haciendo tales barbaridades; de los seguidores de Abraham, ya no vale la pena hablar, pues afortunadamente cada día son menos. El mundo empezará a vivir una época de paz y prosperidad, el día que creer en una religión sea considerado un delito de lesa humanidad.

15

Cuando analizamos concienzudamente la forma en que la sociedad se comporta con respecto a tantas y tantas cosas que nos mueven a meditación, no podemos por menos que pensar que hay algunas que definitivamente no corresponden a lo que denominaríamos un ideal de justicia social.

Es notorio que muchos intelectuales se jactan de seguir los dictados que tradicional-mente han sido utilizados por los grupos organizados. Por ejemplo: el Derecho Romano. Es indudable que en tiempos de la Antigua Roma esas leyes pueden haber sido justas, equitativas y útiles, lo cual, en cualquier manera es muy difícil de comprobar, pero pensar que actualmente, en comienzos del siglo XXI se las quiera aplicar, considerando que son la panacea de todos los males, en realidad no es lo más correcto.

Nuestra civilización occidental, con todas sus variantes, a veces ha realizado algunos cambios importantes que imperiosamente debieron realizarse dado que las normas vigentes para un momento específico definitivamente eran aberrantes. A consecuencia de tales pequeños o grandes cambios se ha ido paliando la necesidad de conformar un nuevo orden de ideas sociales, pero, lamentablemente, jamás han significado un mejoramiento real de las condiciones de vida del ser humano. Podemos contemplar en los resultados descritos literariamente en numerosas obras históricas el fracaso de instituciones tales como la Inquisición Española, la Revolución Francesa, El Comunismo de Marx, y tantos otros intentos de lograr justicia, con su consecuente funesto fracaso y pérdida de recursos tanto humanos como éticos.

Realizar cambios drásticos es una labor demasiado árdua para cualquier ser humano, institución, o inclusive Estado, porque siempre hay elementos que se han beneficiado y se benefician del desastre social. Son una especie de zamuros que comen y se deleitan con la carroña de sus propios actos. Ante una circunstancia como ésa, difícilmente habrá sufícientes sujetos que se presten a conformar la mayoría necesaria para realizar un cambio verdaderamente útil.

Los individuos de nuestra especie siempre tratan de conformar el ambiente que los rodea para su propio beneficio, generalmente en detrimento de la calidad de vida de los demás. Pongamos un ejemplo muy simple en aquellos países donde no existe libertad comercial y los pequeños negociantes se ven obligados a paliar la falta de divisas por acaparamiento de los gobiernos, comprando a escondidas lo que debiera ser público se dá con frecuencia este tipo de situaciones: Si vas a comprar la divisa el vendedor te dice que "...debo vendértela a tanto porque en estos momentos la divisa está en alza", si por el contrario, ese mismo día fueras a ofrecerle la divisa al sujeto del ejemplo anterior, te diría: "...sólo puedo pagártela a tanto, porque la divisa en estos momentos está en baja". Entre ambas situaciones casi siempre hay una diferencia descomunal en los valores, resultando una exagerada ganancia por parte de los que se dedican a este lucro.

Es lógico deducir que esta situación se dá por la necesidad de obtener los medios de intercambio internacional a pesar de las restricciones gubernamentales. Restricciones que se dan en aquellos gobiernos incapaces que deben frenar la estampida de capitales de su país impidiendo la salida de tales divisas. La gente del pueblo, es decir los pobladores que se sustentan en base a los escasos recursos que les haya otorgado su precaria educación, no entienden a cabalidad estos procesos y no les prestan la atención debida, y mucho menos lo van a hacer los miembros de las instituciones que gobiernan en una u otra forma, y que supuestamente los representan y defienden, porque en el fondo cada uno de esos individuos logra un beneficio inusitado por el sólo hecho de formar parte de tal o cual institución pública, es decir, la corrupción es un freno para la verdadera justicia.

La corrupción es un fenómeno social de tipo delictivo que se forja en base a la existencia de los siguientes parámetros: Inconformidad con el nivel de subsistencia; tendencia al facilismo como consecuencia de la pereza, la holganza, provocada muchas veces por malos hábitos adquiridos en el hogar, algunos componentes psicopáticos que conllevan a considerarse a sí mismo como el único merecedor de los bienes sociales.

En la actualidad el delito de corrupción está institucionalizado en la mayoría de las naciones. El ansia de poder se basa en el deseo de adquirir bienes en forma incorrecta. Cuando el político llega a su cúspide, se olvida de sus correligionarios, porque en verdad nunca pensó en ellos seriamente. Su ambición está por encima de todo y de todos. Son psicópatas en potencia, capaces de hacer cualquier cosa por elevar su nivel de riqueza y de poderío. Alcanzar la cúspide de la ambición no es fácil, pues generalmente la meta, a medida que se va aproximando a nosotros, a través de ir logrando objetivos parciales, se va incrementando hasta límites insospechados. Si un político, cede a tus requerimientos y te ayuda en alguna forma, ya sea económicamente o de otro modo, es casi seguro que lo hace persiguiendo un beneficio propio, tal vez mayor fama, obtener a través de la propaganda de tal hecho un incremento de su poder de convencimiento o de otra índole.

Los gobiernos de los países más poderosos, que arguyen ser los más demócratas del mundo, cometen barbaridades tales como derrocar a supuestos dictadores de países semisalvajes, en los que la única forma de verdadero control es a través del temor a un castigo determinado, vean lo ocurrido en Irak, donde derrocaron a alguien que mantenía el con trol de tantos grupos islámicos semi-salvajes, de intereses absurdos de toda índole, y que tienen al país vuelto un auténtico caos. Y también lo ocurrido en Libia, donde al sacar del poder a un elemento que parecía tener ideas tan fuera de orden como su célebre librito, ha dejado unas consecuencias mil veces peores que las que dañaban esa nación de tribus sedientas de negociar armas, drogas y otras cosas peores. Egipto era un país relativamente próspero, pero vean lo ocurrido al instaurar la supuesta democracia. Olvidémonos de Afganistán y su caos permanente, y pensemos un poquito en la actual Siria, que queriendo derrocar a un dictador, ayudando a los rebeldes, ha dado pábulo para que la verdadera amenza islamista los del Daesh hagan desastres con su población, al igual que lo están haciendo en otros lugares del planeta.

De una vez por todas, los que se creen líderes del mundo, se lo merezcan o no, deben tener muy claro que existen muchas naciones donde su población es tan poco controlable, porque todos desean hacer lo que les de su propia real gana, que no queda otro recurso de poner mano dura y férrea. Veamos el ejemplo del país ibérico, que para eliminar el terrible desastre que estaban cometiendo los seguidores de Marx, asesinando a honorables religiosos que no habían merecido tal suerte, o apropiándose a través de hechos corruptos de gran parte de los bienes del erario público, tuvieron que recurrir a un sistema totalitario, que a pesar del bloqueo salvaje que se le impuso, al igual que se ha hecho con el régimen cubano, tuvo la virtud de obligar a todos a seguir un orden, a seguir ciertas normas de convivencia, eliminar ciertos vicios sociales que empezaban a dañar la estructura humana básica de su sociedad, y a pesar de todos los obstáculos habidos y por haber, patrocinados por los pueblos "demócratas" del orbe, lograron desarrollar la nación desde todos los puntos de vista posibles. Actualmente, muchos años después de esa supuesta liberación para la democracia, existen pedazos de esa tierra que quieren separarse, olvidando sus profundos nexos con la nación originaria, y vean la repugnancia de los actos sociales permitidos que van en detrimento de la calidad humana y que tienden a su destrucción y desaparición si se sigue profundizando en esa vía, en esa y muchas otras naciones. La homosexualidad es un delito de traición a la especie humana, que solo podría ser justificable en un mundo habitado por puros clones, pero no por hombres y mujeres verdaderos, y en ese país liberado supuestamente de una dictadura, se ha instaurado el "matrimonio entre sujetos del mismo sexo". Deberían estudiar el significado etimológico de tal palabra.

16

Para no alejarnos demasiado del mundo en que vivimos, debemos hacer unos comentarios actualizados, sobre ciertos aspectos de nuestro entorno más cercano. Veamos:

El siglo actual debe ser época de grandes cambios en el sistema educativo. Venezuela, al igual que otros muchos países del orbe adolece de vicios mantenidos en el pasado, que han estado corroyendo paulatinamente los fundamentos de nuestra sociedad. Es imperiosamente necesario establecer. Además de algunas otras cosas preocupantes, un proyecto educativo de primer orden que permita sacarnos de la etapa del subdesarrollo. Si la principal riqueza de una nación es la calidad de la educación de su población, el artífice de la forja y temple de ese tesoro es indudablemente el Educador, El Maestro, no importa que se pueda llamar General Nagi, Simón Rodríguez o Andrés Bello.

Nuestra nación, que ha demostrado tener la fuerza, el vigor de ese ilustre patriota que nos fundó como país independiente, debe tener también la inteligencia y el tesón de ese Simón Bolívar que en cada uno de sus actos, en cada palabra de sus escritos, siempre puso como pieza fundamental de cualquier revolución desmontar los ladrillos de la ignorancia a favor de una sana, justa y eficiente educación que enaltezca nuestro sentido de Patria y Libertad.

La prosperidad de naciones como Japón, debida a un esfuerzo profundo, intenso y continuado en razón de la educación adecuada, además de largas jornadas de aprendizaje, incluye también un sentido de lógica matemática en sus resultados: buen profesor es quien obtiene los mejores resultados con un mayor número de alumnos aprobados. Pero para ser buen profesional, éste debe ser bien retribuído y el alumno debe ser también anímicamente asistido.

Si tal como afirma Drucker, el factor principal de producción ya no es el capital sino el conocimiento, debemos lograr que ese conocimiento sea adquirido en la forma más práctica posible, llegando a la misma fuente del impulso laboral, el cual es indudablemente el cerebro de cada trabajador, ya que sin ese recurso cognoscitivo sería inútil para él y para la Sociedad haber almacenado en forma automática una serie de conocimientos que no podrían ser utilizados adecuadamente desde el mismo momento en que pudieran variar aún en forma mínima, las condiciones de ese trabajo.

La producción en masa ya no es el incentivo del capitalista, tal como arguye Carlota Pérez, entre otros autores, lo que interesa es una producción individualizada, especializada, de alta calidad y tecnología. El mundo actual, que es el de la informática, de la cibernética y la electrónica, tiene que almacenar las habilidades comunes en equipos especiales que aunque automatizados, deben ser dirigidos en forma inteligente por la decisión de los más capacitados.

Ya el trabajador ha dejado de ser considerado como parte del costo de la producción. El capital humano ha tomado relevancia. Un buen trabajador lo es no por la cantidad de piezas iguales que produce, sino por la calidad de las mismas, y lo que es aún mucho más importante, por su capacidad de adecuar la producción a los profundos o ligeros cambios paulatinos o permanentes que las necesidades de mercadeo obligan a tomar muy en cuenta. La centralización de las empresas productoras más que una virtud que antaño se pensaba que llevaba al triunfo y la perfección, es hoy día considerada un fracaso. La descentralización es importante y básica para dar oportunidad a un numeroso grupo de cerebros a crear, a forjar ideas cambiantes y mejoradoras del medio. El poder intelectual y productivo no puede estar en una sola mano. La Pirámide de Kelsen se ha vuelto obsoleta. Cabe mencionar la frase del inglés Bessant "con cada par de manos nos viene un cerebro gratis". En efecto, el cerebro de cada trabajador, arsenal de nuevas ideas potencialmente relevantes, debe ser tomado en cuenta en esta nueva sociedad que empieza a romper con los viejos y arcaicos valores taylorianos.

Algunos de los cambios recomendados debieran ser entre otros: Propiciar que cada plantel, en base a sus propios recursos, desarrolle un modelo educativo adaptable al tipo de población que sustenta. La participación activa de la sociedad, en este modelo, es fundamental, pues la orientación del educando no puede estar supeditada a que los progenitores utilicen la escuela como un centro de retención y cuidado de jóvenes mientras ellos realizan las actividades que puedan o no serles necesarias para la manutención de los respectivos hogares. Deben por tanto abrirse a todos y cada uno de los componentes sociales, tales como la familia, las asociaciones de vecinos, centros culturales, clubes deportivos, agrupaciones de técnicos y profesionales, etc. Por su parte los maestros dejarán de ser meros dadores de clases para poner alma y cuerpo en el ejercicio de sus funciones. Deben ser flexibles, comprensibles, orientadores, consecuentes y ejemplarizantes para su alumnado. Todo lo indicado en este punto representa un trabajo conjunto de todos los miembros de la Comunidad Estudiantil, (padres, maestros, alumnos, obreros, empleados).

Otro punto relevante debe ser el cambio de actitudes del profesor o maestro hacia lo clásicamente producido por él durante anteriores generaciones. Lo importante no es memorizar, automatizar conocimientos que pronto serán olvidados, sino enseñar a estudiar, a aprender, a memorizar, a utilizar prácticamente esos conocimientos. Obviamente, los docentes acostumbrados a procedimientos poco actualizados debieran ser sometidos a reevaluación de sus conocimientos sobre técnicas de enseñanza. Cualquier profesor con alma de tal, aceptará de buen grado cualquier cambio o adaptación de esa índole, y obviamente a las nuevas generaciones de educadores, aleccionarlos en la adquisición de nuevas tecnologías de aprendizaje.

Por su parte los programas debieran ser flexibles. Son tantas y tantas las cosas que un buen profesor, inteligente, amante de su profesión, puede enseñar a sus alumnos, que ceñirlo a un programa, a veces antipático y poco práctico, hace dificil la relación estudiante-profesor, además de ser generalmente factor de conflictos. Factor fundamental de la nueva escuela debe ser promover que el alumno adquiera la capacidad de aprender por sí mismo, es decir, lograr que su capacidad autodidacta pueda compensar en un futuro cualquier deficiencia por parte del equipo de profesores que detente. Para ello el alumno debe saber pensar lógica, profunda y claramente; ser capaz de usar adecuadamente la libertad de aprendizaje que se le otorgue; ser sensible y propender a su autorrealización; saber utilizar todos aquellos medios de aprendizaje a los que tenga oportunidad de acceder, con conocimiento de causa; ser capaz de canalizar su potencial hacia labores de índole constructiva; saber buscar la información más adecuada, convivir en el ámbito escolar y social, saber trabajar adecuadamente, tener una visión valorizante de sí mismo y tener alegría de vivir, que ya es mucho en sí misma.

El alumno debiera, por sí mismo, y valga la redundancia, tener un claro concepto de la nota evaluativa que merece, obviamente como producto de un discernimiento lógico que es mezcla de saber lo que debo conocer, y conocer lo que aún desconozco.

Tal como nos dice Norma Odreman, el alumno debiera tener un conocimiento lo más aproximado a la realidad de la utilidad de lo que estudia. ¡Cuántas veces aprendemos cosas que jamás utilizaremos en nuestra vida, y otras muchas que no aprendemos por tabúes, malos programas, o desinterés de cualquiera de las partes. La práctica del eje transversal incentivará en el futuro la integración del ser, del saber, del hacer y del convivir. Como es lógico, para poner en práctica todo ésto, se requiere un adecuado sistema de valores.

A través de nuestra existencia, ya como estudiantes o como profesionales, hemos tenido que sufrir los rigores de los malos sistemas de aprendizaje. Recuerdo que cuando era apenas un niño de primer y segundo grado, en las Escuelas pías de San Antón, allá en Madrid, me obligaban a memorizar letra por letra, a través de un esfuerzo ilógico casi improductivo, unos párrafos de lecciones, que una vez aprendidos, y varias veces expuestos en clase ante mis compañeros y los frailes pertinentes, no me decían nada. Tenía un conocimiento detallado, con puntos, comas y acentos, pero no sabía lo que estaba diciendo. Posteriormente, en el Colegio la Salle de Caracas, debía aprender textos que debía transformar con otras palabras, en forma adecuada, so pena de ir al patio y estar en cruz por horas, sin que los supuestos profesores verdaderamente le explicaran a uno el significado de esos contenidos. Obviamente aprendíamos a hacer transformaciones literarias, pero jamás a saber realmente de qué hablábamos . Algunos años después, habiendo tenido que abandonar por tener que trabajar en una empresa doméstica, debía hacer estudios autodidácticos, es decir sin profesor, y como sentía un inmenso fervor por las matemáticas, a pesar de que sólo había cursado hasta quinto grado de primaria, me enfrasqué en la lectura y estudio del Álgebra de Baldor. Para ese momento no sabía de la existencia de la Aritmética del mismo genial autor, y todas las noches, durante varias horas, que a veces me veían amanecer, ayudado por las respuestas de los problemas al final del libro, empecé a comprender el álgebra en todas sus posibilidades. Años después, cuando estudiando en un liceo Nocturno, debía estudiar tal materia, no debía hacerlo, pues me sabía de memoria toda la normativa de cada lección sin haberla estudiado en esos momentos. Varios años después, ya como Psicólogo de esa excelente Universidad Central, de la que no puedo menos que sentirme orgulloso, me dí cuenta, a través de los estudios realizados, que la causa de aquella situación mía, durante los años del bachillerato, se debía a que muchas de las cosas que los profesores nos habían enseñado en la clase de matemáticas respectiva, yo, en mis tiempos de adolescente, debía de haberlas reinventado, experimentando por mí mismo, llegando a claras deducciones que varios años después me habían hecho sentirme mal al ver que lo que por mí mismo había tardado a lo mejor días en aprender, reinventando las fórmulas matemáticas, en apenas unos segundos nos lo explicaba el profesor, comprendiéndolo al instante.

Esto que acabo de mencionar tiene una consecuencia básica fundamental. Si yo no hubiera tenido que realizar el esfuerzo, en ausencia de profesores, de encontrar la solución de los problemas que había decidido, por propia decisión, aprender a resolver, y no hubiese desarrollado la capacidad de interpretar adecuadamente los datos, hacer un análisis correcto de la información, para posteriormente llegar a conclusiones adecuadas, seguramente habría lanzado la toalla con esa mi querida materia de Matemáticas, que tanto quiero y admiro, y seguramente, ni siquiera me hubiera graduado de psicólogo. De aquí, pues, es que deduzco, la imperiosa necesidad de enseñar a pensar a los alumnos, cosa que intenté a través de los treinta años de ejercicio docente que dediqué a miles de jóvenes, y que unas veces me dieron satisfacción personal, mientras que en otras sólo hicieron enfrentarme al rechazo de algunos colegas tradicionalistas.

17

Azul celestial de infinitos caminos, senda incesante de afanes difusos, bosque sin raices, sin metas alcanzadas, sin destino. Hoy te miro desde el hueco de una sala, alumbrada por la imagen de un PC. Mi celda está cerrada, mi mente abierta a lo oculto. Un techo que me impide con los ojos de este cuerpo ver tu luz. Mas, no importa, mi imaginación es tan real como si lo viviera. Una brisa intensa colmada de aromas fragantes, cual ventarrón de primavera, capto a través de los estímulos de un simple ventilador que está frente a mis teclas.

Ese azul que sé que existe en Ti, bello y refulgente como un sol de irreal galaxia, llega a los ojos de mi alma con la plenitud del espíritu que me penetra.

Toda mi vida está sobre mi cabeza. Recostado en el espaldar de un secretarial sillón para computadora, dejo volar mi fantasía por algo que ya no es tal, sino una cruda y quemante realidad. Los años han pasado sobre mí, y con ellos penas y alegrías, ilusiones y tristezas, esperanzas y desengaños, sensaciones de vida y presunciones de muerte. Me veo a mí mismo como una piltrafa de algo que pudo ser y no es nada, me siento como un despojo de la inútil juventud vivida, que ya no tiene ánimos sino apenas para escribir lo que estás leyendo, lector incógnito
.

Vienen a mi recuerdo, y se cuelgan desesperadamente de la punta de mi pluma digital, aquellos largos años de nuestra primera infancia, largos, sí, pues a medida que crecemos, que nos vamos entrando en el camino de la vida, aumenta la velocidad de nuestro paso, a tal punto que lo que otrora parecía una éternidad sin límite, ahora nos parece un instante que se acaba. Esas fueron épocas de deseos incumplidos pero llenos de esperanza. Actualmente sólo manejamos hechos cumplidos pero carentes de ilusión.

Contemplar el mundo actual es alentar sin poder comprender el rudo fracaso de nuestra especie. De nada nos vale tratar de consolarnos pensando que todo tiempo pasado fue mejor, pues no hay nada más falso ni carente de estructura. La Historia de la Humanidad es la Historia de la Barbarie y la Desesperación. Un instante de Felicidad y un millón de Sinsabores, eso, multiplicado por el total de los seres que han vivido y viven de nuestra especie humana es el cómputo de nuestro Triunfo versus nuestro Fracaso.

Cuántos, dolores, cuántos pesares han alumbrado con la llama ardiente del odio y la avaricia el devenir vital de nuestros antepasados. Si nos remontamos a lo que sabemos de nuestra prehistoria, no es nada estimulante saber que nos matábamos unos a los otros por una presa que saciara nuestra hambre. Estábamos reunidos en pequeños grupos o clanes, es decir en pequeñas o grandes familias o tribus, para protegernos mutuamente, ¿de quién?, de otros grupos iguales a nosotros que a cualquier flaqueza nuestra nos arrebatarían nuestra pareja, nuestra comida, o nuestra vida.

Nuestra ignorancia nos impulsaba a atribuirle a seres inexistentes los bienes o los males de nuestra existencia, desde pequeños ídolos hasta los grandes dioses de las religiones monoteístas que aún hoy día, son únicamente símbolos de discordia, de desgracia y de odio entre los seres de este planeta. Ninguna religión ha sido capaz de controlar totalmente nuestros instintos bestiales, aunque

es cierto que en parte, los temores a los supuestos castigos divinos han sido respon-sa-
bles en algunos casos de moderar nuestra
depravación, también es cierto que ha sido mucho más el mal que hemos confrontado, por
culpa de tales creencias. Cristianos y musulmanes matándose mutuamente en las Cruzadas.
Viciosos y depravados animales humanos
fungiendo de jueces en la Inquisición malhada.
Toda una decadencia en ascenso permanente.
Hemos creído que nuestras civilizaciones su-
bían paso a paso los escalones de la sabiduría
sin darnos cuenta que la tal escalera siempre ha
estado tumbada horizontalmente sobre la tierra.
Leyamos los partes de guerra de nuestra actual
prensa escrita y veremos que los humanos nos
matamos por lo mismo que en la antigüedad:
por quitarle al otro lo que no tenemos, porque
triunfe prepotentemente nuestra religión o porque podamos apoderarnos de territorios y recursos económicos de otros. Coadyuvante de
todo ésto es el deseo de volver menos humanos
a nuestros semejantes a través de aletargar y
deteriorar su cerebro con profusión de drogas,
que por un lado procuran recursos monetarios a
los psicópatas y por el otro satisfacción a los
imbéciles.

18

Es una tarde de Agosto, que bien pudiera
ser de cualquier otro mes. Las nubes llegando
del Norte amenazan lluvia, pero seguramente

ésto no llegará a ocurrir. La Madre Naturaleza acostumbra reirse de nosotros los humanos con una desfachatez que parece que fuera obra de nosotros mismos. En una especie de pequeño garage, donde dos vehículos de modelo antiguo casi compiten por conseguir puesto en el pequeño espacio disponible, se encuentran sentados en modernas sillas de plástico casi desechable, dos amigos, que lo son tales seguramente por haber convivido en esa misma calle de un barrio de clase pobre educada durante al menos cuarenta años.

La conversación parece interesante, el vecino, es decir el que está de visitante, es un sujeto muy alegre, poco instruído, pero que posee cierta experiencia mundana de la que carece el propietario del recinto donde están dialogando. Este último es un sujeto que ha probado prácticamente casi todas las ciencias y las artes del pasado y del presente, claro, estamos casi seguros que no ha estado en la Misión Apolo de invasión lunar, ni tampoco en tantas otras cosas propias para afortunados especialistas, pero al menos tiene un amplio repertorio de conocimientos que le permiten saber de lo que está hablando, haciendo su conversación interesante sin tener que recurrir a los chistes chabacanos o a relatos poco creibles.

--Amigo Fabián, que te parece lo que dice este periódico: "...van ciento cincuenta mil muertos en un lapso de diez años", desde luego que se refiere a los casos de homicidio. Son muchos más que los fallecidos en la Guerra de Irak, y no han sido muertos por bombas ni por gases venenosos, sino por balas de calibre tal que ni siquiera las policias lo poseen. ¿Y qué te parece lo que ocurre en este país del Norte, donde los narcotraficantes tienen sus propios cementerios y se matan entre sí con una furia cien veces a la usada por Al Capone al principio del Siglo pasado?.

--Querido Rolando, eso parece terrible, pero es algo tan corriente que no hay por qué prestarle demasiada atención, Yo por mi parte, procuro no salir de noche, al menos última-mente, y me dedico a ver mis novelas en la televisión.

--Esa es una posición tuya demasiado facilista. Uno nunca presta atención a las cosas hasta que no le pasan a uno mismo o a alguien cercano a nosotros. Sin ir más lejos, tú sabes lo que le ocurrió al muchacho que vivía en la vereda de más arriba: estaba sentado a la puerta de su casa y le ametrallaron con treinta disparos porque día antes había presenciado el asesinato de otro vecino, o a ese policia amigo mío de tantos años, que estando jubilado, hizo un viaje en un autobús, y de pronto subieron dos sujetos y para matar al que iba sentado al lado suyo le mataron también a él.

--Me parece, y vuelvo a insistir, en que te preocupas demasiado por las cosas que les pasa a personas que quién sabe qué hicieron y por eso les tomaron venganza.

--Está bien, vamos a dejarlo, sigue echando tus chistecitos, y deja que yo siga preocupándome.

--Pero, Rolando, ¿qué podemos hacer nosotros, pobres diablos que no tenemos ni la capacidad ni la fuerza para cambiar el mundo?. Ni tú, que te has pasado la vida estudiando Electrónica, Biología, Informática, y tantas otras cosas más, podrías hacer algo para resolverlo. Deja eso a los políticos.

--Qué equivocado estás, los políticos no pueden hacer nada, podrán reducir un poquito el mal, pero nunca eliminarlo. Para resolverlo solo hay una solución: quitar de en medio a esos delincuentes asesinos que matan solo por el placer de hacerlo.

--Bueno, en parte está resuelto, ya ves la cantidad de muertos que hay en las cárceles del país, los asesinos y ladrones se matan unos a otros.

--Amigo Fabián, las cosas no son como parecen. En las cárceles están presos los delincuentes menores, los que no tienen para pagar buenos abogados o comprar a la "Justicia". Los verdaderos delincuentes peligrosos la mayor parte de las veces no han estado nunca presos. Gozan de buenos puestos, tienen fama y prestigio, ya sea por falsos dotes o por veladas amenazas de represión, inclusive hay muchos que detentan cargos gubernamentales de importancia siendo a la vez jefes de alguna mafia corrupta y depredadora Hay paises donde los municipios o alcaldías están dirigidos por cárteles de la droga, bandas de homicidas y ladrones comunes, contrabandistas, terroristas, y tantas otras formas de delincuencia organizada, que tienen poco o nada que ver con los sujetos que a título personal se agavillan, porque son cobardes, y cometen delitos de todo tipo ante la ausencia de una represión policial casi inexistente y de las enormes trabas de la Justicia ya corrupta.

--Vamos a ver, Rolando. ¿Qué harías tú, si pudieras, para resolver ese tan complicado problema?.

--Está bien, Fabián, escucha: Yo trataría de inventar un equipo que emitiera ondas mortíferas a través de cualquier medio, ya sea teléfono, radio, computadora, o cualquier otro sistema de transmisión, y ubicando al delincuente a través de unas coordenadas seguras, eliminarlo.

--Es una fantasía muy bonita, pero tanta gente que hay en el mundo que merece ser quitada de en medio, ¿cómo podría llegar esa máquina a todos ellos?.

--Habría que empezar poco a poco, primero actuando entre los sujetos conocidos como asesinos de nuestra comunidad, y luego, más adelante, buscando información de otros lugares, ya sea a través de la prensa, la radio y televisión, o cualquier medio de información que sea público y notorio, porque, eso sí, no se pueden cometer errores, no vale matar por capricho o por recomendación, o por rencillas personales o dinero, como siempre ha ocurrido en los paises con pena de muerte, hay que estar cien por ciento seguro de que Fulanito de Tal es un criminal consumado, no vale siquiera estar seguro ni en un 99 por ciento.

--Caramba Rolan, tú como que te crees un Juez Omnipotente. Válganos Dios que de verdad no pudieras tú llegar a inventar tal cosa, pues sería algo terrible para el mundo si nos salieras un genio. Je, Je.

--Ríete, ríete, pero ya que supuestamente no soy apto para tal ocupación, al menos déjame recrearme pensando en esa posibilidad. ¿Puedes imaginarte que satisfacción podríamos sentir si elimináramos a los responsables de matar a pedradas o latigazos a las pobres mujeres, sólo por hacer uso del derecho que tiene todo ser humano a sentirse feliz al lado de quien se quiera?. ¿O dejar fuera de combate a quién por expresar su opinión sobre algún tema es apresado y condenado a muerte lenta en su encierro?. Y esas son cosas que ocurren actualmente, en pleno siglo XXI, no en la época de la bestial Inquisición donde se prendía fuego a cualquiera que fuera más inteligente que los salvajes jueces que imponían las penas.

--Tú sabes bien que esas cosas ocurrían en defensa de las religiones de cada quién.

--Si amigo mío, en defensa de esas lacras llamadas religiones que lo que hacen es embrutecer al ser humano convirtiéndolo en esclavo de tradiciones, falsedades y utopías. Es obvio que en algunas épocas de la Humanidad, en que nosotros éramos prácticamente animales salvajes, deberíamos tener temor a algo o a alguien que nos sirviera para moderar nuestra conducta antisocial, y nada mejor que seguir una creencia que era apta para ser algo mejor, prácticamente por obligación, pues si no, tendríamos la amenaza de no gozar después de la muerte de ese falaz Cielo que tanto ha hecho pensar a toda clase de gente. Casi todas las religiones están fundamentadas en los asertos de unos líderes primarios que se creyeran o no lo que decían, al menos lo hacían con buenas intenciones, y eso debemos agradecérselo, pero hoy día, en la época de los viajes interplanetarios, del uso de la informática computacional, de los vehículos de alta velocidad, de los medicamentos de alto poder curativo y otras tantas cosas más, no se justifica seguir con esas ideas absurdas y tan poco inteligentes por ilógicas.

--Amigo mío, ¿no te parece que por el momento no estamos tan avanzados como para desechar esa forma de pensar?. Actualmente hay personas que se comportan como animales salvajes, matando a cualquiera sólo para obtener una pequeña satisfacción, ya sea un reloj celular, o aparentar ante los amigos que somos capaces de hacer "valentías".

--En cierto modo tienes algo de razón, gran parte de la humanidad está en estado salvaje o semisalvaje, es decir, es gente tan ignorante que son capaces de automasacrarse matando a un lote de personas a su alrededor, las cuales generalmente no tienen nada que ver con el sujeto, para supuestamente ganarse un Más Allá feliz, y a título de esa supuesta labor divina cometen bestialidades contra otros y contra ellos mismos. Su inteligencia no dá para más, son pobre gente que se deja embaucar por lo que dicen los líderes religiosos, que a su vez también son gente sin capacidad mental suficiente para interpretar correctamente lo que dicen los supuestos libros sagrados. En general hay una total distorsión de los valores morales, al igual que también lo hay de los económicos, artísticos y de muchas otras índoles.

--Por lo que dices, en verdad que los humanos dejamos mucho que desear sobre lo correcto o adecuado, pero a pesar de todo, fíjate que hay personas que se superan y vencen todas las dificultades para lograr el bien de los demás, como es el caso de los políticos y los científicos.

--¡Cállate, insensato!. Nada más falaz que eso que has dicho, en especial los políticos, que generalmente son personas de amplias características psicopáticas que sólo se preocupan de alcanzar sus metas a costa de lo que sea y de quien se atraviese en su camino. Difícilmente verás que una persona altruista llega a presidente de un país, generalmente son gente que han arrasado a su paso con todos los que se le oponen, ya sea directa o indirectamente, el objetivo es subir, subir, y más subir, lo demás no importa nada... ¡que tengo que hacer matar a mi mejor amigo para poder ocupar el puesto de él, pues lo hago, y tal cosa la considero como un triunfo en pos de un ideal!, ideal que algunas veces se imaginan que es para mejorar la vida de todos, cuando en realidad es para lograr su propia superación personal. Y quien habla de los políticos también de otras especies de humanos, por ejemplo, en el ámbito judicial, cuando este sistema funciona, pues hay sitios del mundo que ni eso se respeta, tenemos el caso de los fiscales del Ministerio Público, a los cuales les interesa solamente condenar al acusado, no importa que este sea inocente, pues el objetivo primordial es ganar casos, y no hacer justicia, o el de los Defensores, a los que sólo les interesa el dinero que puedan quitarle a sus clientes, si son privados, o el simple mérito de resolver un cúmulo de tales casos, aunque las sentencias no sean las más adecuadas, si son públicos. Y no hablemos mucho de los médicos, que en su gran mayoría únicamente atienden a los beneficios propios, fíjate que hay algunos que antes de revisar al paciente y saber cual es su mal, le preguntan si tiene seguro suficiente para pagar las operaciones, que aunque no sean necesarias serán recomendadas para sanarse de algo que a lo mejor no tiene cura o que simplemente no padece.

--Amigo mío, creo que estás exagerando, yo conozco médicos muy buenos que a veces ni me han cobrado y me han curado.

-Tienes razón, sé que todavía, a pesar de la contaminación, existen personas de conducta idónea, y que tienen un gran corazón. Yo personalmente tuve un médico catalán que habitaba en un edificio llamado Celeste, ubicado en la capital de un gran país del norte de Sudamérica que además de ser un auténtico sabio era la persona más altruista que puedas imaginar, o también un abogado que salvó a mis padres de la ruina cuando un íntimo amigo de él lo traicionó en compañía de un leguleyo pesetero y le embargaron todos sus bienes por una exigua cantidad que le había prestado. Pero esos casos no son muy frecuentes, puede que haya uno por cada millón.

--En términos generales, a veces tengo un mar de dudas sobre lo que es correcto y lo que no lo es. Fíjate, por ejemplo, los numerosos casos en que esos delincuentes te roban y encima, por puro placer, te matan. Estoy cansado de leer en la prensa de todos los días tantos y tantos casos que realmente dan dolor.

--Tienes toda la razón, en esos casos las leyes no funcionan, no hay que tener compasión con una rata de ese tipo, (con perdón de las ratas), ni siquiera la ley del talión es suficiente para que esos bichos deleznables purguen su culpa. Pienso que a esos sujetos, después de comprobar fehacientemente que ellos fueron los asesinos, los utilizaría como alimento de animales de zoológico, aún a riesgo de envenenar a esos pobres animales.

--Amigo mío, siento por tu forma de expresarte que estás lleno de odio, de un odio que a lo mejor te va a matar, creo que deberías de olvidarte un poco de esas cosas y tratar de ser feliz, hay algunos psicoterapéutas que dicen que llenarse de odio afecta la salud y produce enfermedades.

--Nada más cierto, en efecto, estoy lleno de odio, y también sé que el odio produce enfermedades, pero el conformismo es lo peor que puede tener un ser humano. La gran mayoría de los beneficios que ha conseguido la humanidad han sido a costa del sacrificio y el esfuerzo de aquellos que han debido luchar en contra de la corriente de los imbéciles o de los sinvergüenzas. El odio que yo siento, más que odio en sí en un gran deseo de superación de la especie animal de la que tristemente soy miembro. Me paso los días y hasta las noches, pues durante el sueño tengo fantasías de solución, pensando en como se podría mejorar la actual situación de nuestra sociedad. Sé que hay algunos lugares del planeta donde las condiciones aunque no perfectas son mucho mejores que las nuestras. Lugares en donde la vida humana tiene un gran valor, y las autoridades se mueven diligentemente en la mayor parte de los casos, para encontrar culpables y castigarlos de cualquier delito cometido. Pero esos son muy pocos lugares, en la mayor parte de La Tierra reina la brutalidad, la ignorancia, la corrupción, el egoísmo, acompañados también de una mala distribución de la riqueza.

--Amigo Rolando, en eso de la mala distribución de la riqueza tienes toda la razón, los culpables de todo eso son los sistemas capitalistas que hacen que el rico sea más rico y el pobre aún más pobre. Por eso es que el sistema comunista de repartir equitativamente entre todos es el más beneficioso.

--¿Estás loco, Fabián?. ¡Cómo se te ocurre tamaña barbaridad!. Lo que dices tú y también unos cuantos cientos de libros célebres pero estúpidos, es una total aberración de la realidad. ¿Cómo comprendes que un honrado padre de familia, que trabaja arduamente durante toda su vida para conseguir su propio automóvil, su pequeña casita y los útiles del hogar, y que a costa de su constante esfuerzo y ahorro lo va consiguiendo, pueda compararse con un vago, mantenido, que vive a costas de su familia o de amigos, que se emborracha, que no produce nada, que a veces roba, y que en general da un ejemplo pésimo?. Todos debemos tener las mismas oportunidades de progreso, pero también todos debemos realizar el esfuerzo suficiente para poseer lo que deseamos. Es muy facil repartir lo de otros entre los vagos y los corruptos. El capitalismo tiene muchos defectos, pero al menos te da la oportunidad de premiar tu esfuerzo. El comunismo simplemente permite la holgazanería y la falta de iniciativa propia. Todo se lo deja al gobierno, el que en resumidas cuentas tampoco te dá nada, porque el verdadero comunismo es una utopía irrealizable, que solo beneficia a otro tipo de corruptos, los corruptos del comunismo.

--Está bien, está bien, pero eso que tu dices también es poco correcto. ¿Qué pasa con las personas que han tenido un accidente y son inválidas, y los que son enfermos, también tendrán que realizar su propio esfuerzo para obtener lo que necesitan?.

--Una cosa no tiene nada que ver con la otra, los discapacitados y enfermos son una carga que deben asumir tanto los familiares y amigos, si los tienen, como el gobierno en todo caso. Muchas de esas personas antes de estar incapacitadas trataron de esforzarse en su propia superación, muchos de ellos llegaron a ese estado por culpa de otros o de ellos mismos, algunos al nacer por causa de alguna tara genética o malhábito paterno, pero ellos en una u otra forma debe considerarse que cumplieron su ciclo de productividad total, y que lo poco o mucho que puedan realizar en su beneficio debe estar afianzado por la ayuda de la sociedad. Si queremos progresar como especie sabia y progresista, debemos asumir la carga de aquellos que no tienen suficiente energía para triunfar, y no cometer las barbaridades que ejercían en la antigua Grecia los espartanos, pero, en cualquier forma, nunca esa colaboración deberá llegar fácilmente a los malvivientes. Fíjate en que hay algunos gobernantes que asignan cantidades de ayuda a los que están desempleados, eso es correcto, pero también sabemos que muchos de esos "desempleados" lo son de por vida, es decir son unos vagos empedernidos que viven a costas de la sociedad, tal como hacen cierto tipo de sindicalistas. Por eso es que debe haber una adecuada organización y control que impida esos desmanes. Son tantas y tantas las cosas que están mal en nuestro mundo, que aunque uno mismo fuera un Dios no sabría por donde empezar para arreglarlo.

--A propósito, amigo mío, no hace mucho estabas hablando sobre una especie de purificación social que se te había ocurrido. ¿Por qué no sigues hablando de ese loco tema que es tan divertido?.

--Será divertido para ti, pero para mí es realmente algo que me llena de preocupación, daría la mitad de mi vida porque este mundo fuera más justo, más equitativo y por ende más inteligente.

--¡Para, para!, fíjate que estás ofreciendo la mitad de tu vida por algo que solamente puede darte el Diablo. ¿No te dá miedo de que este demonio te acepte la palabra?.

--¡Ojalá que existiera el tal Diablo!, con gusto le daría, no digamos la mitad, sino seguramente hasta toda mi vida completa, pero lamentablemente, o afortunadamente, no sabemos que sería mejor, tal cosa no existe. Como es lógico si no existe un Espíritu del Mal, tampoco puede existir un Espíritu del Bien, ambas cosas son complementarias, y no puede entenderse lo uno sin lo otro. O están presentes las dos, o las dos están ausentes. Según mi forma de pensar, ambas existen dentro de uno mismo, de nuestras acciones, pero nunca asignándole la responsabilidad a Seres Externos a nuestra propia capacidad de decisión.

--Eso quiere decir, si estoy en lo correcto que eres un tremendo ateo.

--Ni tanto, ni tanto, no puedo creer en el Dios o el Diablo de las religiones que andan por el mundo, pero si puedo creer en otro tipo de fuerzas que fungen como dioses aunque en realidad no lo sean.

--Aclárame eso, por favor, que me estás volviendo bruto, por no decir loco.

--Mira Fabián, para explicarte eso debo de hacer uso de algunos conocimientos de Física que seguramente tu tienes, si no es así, dime, con sinceridad, para hacerte la explicación mucho más detallada.

--Bueno, la Física que conozco medianamente es la que aprendí en el Bachillerato, que por cierto no llegué a concluir.

--Está bien, comencemos: Sabes que la materia está formada por moléculas, que son las partes más pequeñas de una sustancia que no pierden sus propiedades específicas, por ejemplo un mínimo pedazo de un sector de la carne de muslo de pollo, un pequeñito trozo de una sección de la hoja de un manzano o un pedacito de un clavo de acero. Cada una de esas moléculas está formada por otras partículas mucho más pequeñas que son los átomos. Existen diversos tipos de átomos, que al combinarse originan sustancias diferentes en forma de moléculas. Por ejemplo, átomos de hierro se combinan con átomos de carbono y nos producen el pedacito de clavo de acero del que hablamos antes. Esos átomos, en sí casi no tienen materia, son como un sistema solar que en el centro tiene un sol, (o varios soles, como en otros sistemas solares lejanos), que en el átomo se denomina núcleo, formado por una o más partes que tienen diferentes nombres según su función, como por ejemplo los protones. Girando alrededor de ese núcleo central o sol, como lo queramos llamar, están otras partículas que básicamente se llaman electrones. Cada una de las piezas que forman el átomo tienen cargas electromagnéticas diferentes, algunas serán positivas, como lo protones y positrones y otras son negativas como los electrones, y algunas otras tendrán cargas neutrales, es decir, ni positivas ni negativas, como los neutrones. Todas estas piezas están separadas entre si por distancias enormes comparadas con su respectiva masa. Así como nosotros vemos el sol a ciento cincuenta millones de kilómetros de distancia de la Tierra, la cual sería como un electrón del sistema solar con respecto a nuestro gigantesco átomo que llamamos, valga la repetición, Sistema solar, así el electrón, con respecto a su núcleo también alcanza distancias enormes relativas. Téngase en cuenta que lo que queremos decir es que sí reducimos nuestro sistema a un tamaño cada vez más pequeño, llegará un momento que sería del tamaño de un átomo, o el caso inverso, si aumentamos el tamaño de cualquier átomo, en forma suficiente, llegaría a tener la dimensión de nuestro actual sistema solar. Básicamente ambos son similares, o al menos se aproximan en su configuración general. También debemos tomar en cuenta, que así como la corta vida de un mosquito nos parece tal comparada con la vida de cualquier ser humano, en sí la diferencia no es tan grande, pues sabemos que las funciones de los insectos son mucho más rápidas que las de nosotros, y que la enorme velocidad que tienen en su vuelo o en su ciclo de vida tiene relación con su tamaño relativo, es decir, a medida que se reduce el tamaño, aumenta la velocidad del tiempo comparado, pero no la del relativo. Aplicado esto a los átomos, veremos que así como nuestro supuesto electrón Planeta Tierra tarda un año en dar una vuelta alrededor del sol, el electrón de un átomo tardaría algo similar en dar la vuelta a su núcleo, aunque para nuestros sentidos el electrón realiza en el tiempo de un año una enormemente gigantesca cantidad de vueltas alrededor de su supuesto pequeño sol.

--Está muy bien Rolando, pero ¿Qué tiene eso que ver con la existencia de Dios o el Diablo?.

--Ten paciencia amigo, que ya vamos llegando al punto central del tema. Por lo que hemos hablado podemos deducir, es más, no deducir, sino que sabemos objetivamente, que un cúmulo de átomos conforma algo más grande que es la molécula, y que muchas de esas moléculas forman un objeto. Así también, sabemos que muchos sistemas solares forman masas más grandes, como las galaxias, y que muchas más galaxias en si forman el Universo o el Cosmos básico elemental. Así como cuando tomamos un lápiz tenemos en nuestras manos un cúmulo de moléculas y de átomos, que son pequeños universos y sistemas relativos, así no tendría nada de extraño, por lógico, que un cúmulo de galaxias formen algo parecido a ese lápiz en una dimensión mucho mayor. Si a nuestra dimensión le asignamos un valor numérico de "n", nuestro sistema solar sería un átomo de una dimensión n+1, y cada átomo que conforma cualquiera de los objetos que tocamos sería un sistema solar de una dimensión n-1. Téngase en cuenta que el tiempo y el espacio van unidos en su relación, y que tal como dijimos al aumentar el tamaño se amplía también el tiempo, que produce en nuestros sentidos una sensación inversa, y al reducir tal tamaño se reduce el tiempo aparente aunque no el relativo. Por extensión lógica, este proceso se puede aplicar a infinito número de dimensiones n+n o n-n, de donde podemos imaginarnos que la infinitud de lo que existe es mucho mayor de lo que cualquier imaginación pueda idear. Nuestro sistema solar, conjuntamente con la Vía Láctea, nuestra galaxia, se va dirigiendo, inexorablemente a chocar en un futuro muy lejano con otra galaxia de la constelación de Hércules. Pasarán tantos años, que seguramente ni el ser humano existirá para ese momento. Cuando nosotros dejamos caer un lápiz al suelo, ese universo de una dimensión menor, llamado lápiz, en pocos segundos chocará con otro universo diminuto que llamamos piso, y ocurrirá algo parecido a lo que nos pasará a nosotros dentro de tantos millones de años, un choque que provocará inmensa destrucción. Posiblemente en una dimensión n+1 algo o alguién también dejó caer cualquier cosa, que también podría ser un lápiz y hacer que nuestra galaxia choque con la otra galaxia en unos pocos segundos de esa dimensión que para nosotros, mucho más pequeños que ellos serán muchos millones de años. Ponte a imaginar el papel que tenemos nosotros dentro de nuestra dimensión "n" con respecto a los de la dimensión n-1. Tenemos la capacidad de dejar caer el lápiz o de dejarlo quieto bien guardado, podemos desencadenar procesos de choque de vida y de muerte que a la luz de lo relativo del tiempo en ese algo mucho más pequeño tendrá en vez de unos pocos segundos una duración de millones de años. Somos algo así como el Dios de esa dimensión, y en especial de ese objeto que dejamos caer, que sabemos que es un inmenso conjunto de sistemas solares que seguramente tendrán formas de vida iguales, parecidas o diferentes a las nuestras, pero vida al fín y al cabo. Igualmente, un ser de la dimensión n+1 actuará como nuestro Dios, pues tendrá la capacidad de provocar o no el choque de nuestras galaxias. En realidad no existe un solo Dios, sino un número infinito, pero para cada una de las dimensiones y objetos en particular, se llamen lápiz o universo galáctico será el único, pues es el que tiene la potestad del bien y el mal que nos ocurra. Desde ese punto de vista no soy ateo, creo en Dios, ¿Y Tú?.

--Caramba amigo mío, de acuerdo con lo que has explicado, yo mismo soy Dios, pues puedo hacer que ocurran cosas importantes, que para mi no lo son en una dimensión más pequeña a la mía. ¿Cierto?.

--Cierto.

--Pero, en el fondo, ese tipo de dioses que tu has detallado, no tienen nada que ver con los dioses de las religiones, que usemos la palabra dios para ambas cosas no significa que sean lo mismo.

--Tienes toda la razón, desde ese punto de vista, definitivamente debemos de tomar en cuenta que el concepto del Dios único de cualquier religión no nos satisface en absoluto, y que desde ese punto de vista nos podemos considerar ateos. Tampoco podemos venerar como dioses a los que hemos descrito matemáticamente, pues aunque desde un punto de vista científico tengan la capacidad de ejercer el poder de vida y muerte sobre los demás, en verdad si lo hacen es sin saberlo, es decir, no ejercen tal función de dioses, por lo que tampoco lo son.

--¿Reconoces entonces que eres totalmente ateo?.

--No amigo mío, aunque no crea en ese tipo de Dios, si creo en otras cosas que tienen mucha más importancia, porque son más prácticas. Creo en la Existencia de un Espíritu Inmortal, creo en el hecho de que ese espíritu inmortal así como está unido universalmente con todos los espíritus individuales, tanto de los humanos, de los demás animales y de las plantas, tiene características de individualidad, y por lo tanto es capaz de actuar en forma independiente, por lo que creo fehacientemente que existen espíritus de diferente comportamiento, que puede ser catalogado de bueno o malo de acuerdo con nuestras propias necesidades. Tenemos, o mejor dicho, existen o hay, y estoy muy seguro de eso, espíritus de personas muertas, y también en algunos casos de vivas, que nos protegen, que nos ayudan a resolver dificultades, es decir puedo creer en lo que las religiones llaman ángeles, aunque, claro está con ciertas variantes que los hacen diferentes a esas creaciones religiosas. Igualmente hay espíritus de sujetos que en vida han sido malvados, o que estando vivos tienen el poder de actuar espiritualmente, los podríamos llamar demonios, aunque en verdad no son los referidos por las religiones. Como verás, el mundo espiritual es verdaderamente mucho más complejo e interesante de lo que propugnan las religiones, y debemos darnos la oportunidad de hablar más sobre ello.

--¿Qué me dices de el Cielo, del que tanto hablan todas las religiones, al que iremos después de la muerte, si somos buenos, o de ese Infierno al que van los malos, además de ese otro lugar llamado Purgatorio?.

--Amigo mío, como es lógico comprender esos lugares no existen físicamente, pero espiritualmente si podemos lograr, a través de la evolución de nuestra parte inmaterial, sensaciones equivalentes, perdurables, sometidas a procesos de variabilidad relativa, no sujetos al control de ningún dios, pero si de las fuerzas conjuntas del universo, que son mucho más poderosas y eficientes que tal concepto anticuado, y que son durables en el tiempo y en un

espacio definido por nuestra preferencia crea-
tiva.

19

El método científico se ha generalizado
tanto, se ha introducido tanto en las escuelas de
todo nivel, que inclusive ha • alcanzado hasta
los hogares más recónditos, las fábricas, fin-
cas, el conuco y la plantación organizada, la
clínica médica y la de otras profesiones, en fin,
se nos ha hecho un auténtico lavado de cerebro, a través del cual ya nos es imposible
conocer algo que no haya sido tamizado
por esa metodología. Asi por ejemplo: un simple barbero, para incrementar sus ventas de
servicios, simplemente compara la barbería de
su colega cercano, y cambia las cosas que considera puedan ser culpables de un posible
aumento o disminución de las actividades, ana-
liza los resultados, durante algún tiempo com-
parándolos con los obtenidos por su colega
que ha o no cambiado algo. De esta operación,
deduce, inconscientemente, que la barbería
control, es decir aquella a la que no se ha
cambiado nada, ha diferido poco o mucho de la
barbería experimental, es decir, a la que se le ha
aplicado algún cambio. Con ésto, el barbero,
piensa que ha logrado información suficiente,
para conocer si es más rendidor afeitar con
hojillas de afeitar marca X o cepillar el pelo de
los hombros del cliente con cepillo marca Z.

Está aplicando una de las varias formas del método científico. Asimismo pasa con la literatura. Difícilmente se acepta algún trabajo escrito que• no tenga una larga lista de citas y referencias de toda • índole, refiriéndose a casos de investigación sobre el o los temas tratados. La gente se siente feliz porque al leer las citas cree estar en presencia de la Gran Verdad, lo último descubierto, lo más moderno, lo más eficiente, etc. Yo, personalmente, aunque he tenido que manejar esa metodología, la he estudiado, la conozco, y sé apreciar sus méritos y sus defectos, ya que de no haber sido así, no podría ostentar un honroso titulo de psicología, también me considero un sujeto práctico, que no cae en rituales modernistas ni se deja llevar por corrientes de pensamiento que no acepte. Por eso mismo, queridos lectores, sin dejar de sentir un gran respeto por tales métodos científicos, a los cuales les reconozco muchos méritos, tal como he dicho, pero a los que también les observo muchos errores y vicios, quiero, deseo, y escribo con la• mayor sinceridad del mundo, sin ambages, sin rodeos, sin adornos de cualquier tipo que no sean los artistico-literarios, en los cuales quisiera ser un genio divino y que lamentablemente para mi no paso de ser un simple aprendiz. A• partir de este momento, quiero pedir disculpas porque a veces me olvido de lo considerado adecuado y escribo o dejo de• escribir en primera persona, y aceptando, con sobrada Justicia, la obligación científica de escribir en forma impersonal,• Hace muchos años, pero no tantos para que se pierdan en la memoria de los tiempos, apenas setenta, la Ciudad de Caracas, era una pequeña población en crecimiento, con alrededor de cuatrocientas mil personas en su seno, y que verdaderamente, en su gran mayoría merecían ser llamadas personas. Podía hablarse con un anciano y adsorber sabia experiencia en su proximidad; sus palabras rebosaban sinceridad, no había artificios ni comedimientos; le pedías un favor y generalmente te lo hacía, solicitábase su opinión o consejo, y lo daba en forma discreta y digna. Los jóvenes de esa misma época descuidados un poco con el porvenir, general- mente tenían como únicos vicios, por no llamar- los virtudes, el machismo en el hombre y la timidez en la mujer, alguno que otro se daba a la tarea de tener aventuras románticas, no tan pecaminosas como hoy dia, con el sexo opues- to. Lo que en aquellos tiempos se llamaba "movida", no pasaba de ser un escarceo amo- roso con el pretexto de algún baile o espec- táculo público, que bien podía terminar en noviazgo, y no pasar de una simple aventurilla. El trabajo no era demasiado tomado en cuenta, ya que tampoco se preocupaban mucho por el porvenir; pero no era una actitud de holgaza- nería, simplemente, las fuentes de trabajo no eran muchas ni variadas, y en general podrían parecer algo monótonas, y al no necesitarse dinero en exceso, pues la vida no era muy costosa, se dedicaban a sacarle el mejor provecho posible al "no dejes para mañana lo que puedes hacer hoy", y seamos justos, desde un punto de vista eminentemente práctico y realista, qué cosa más agradable para alguien joven que estar con amigos y amigas. Los niños, por su parte, eran producto de la crianza dada por sus padres; en las escuelas, había muchos• malos alumnos, pero también los había excelentes, y en gran cantidad, podría decirse que abundaba más lo bueno que lo • malo. Y con respecto a los Profesores... había excelentes Señores Profesores, que merecían muy justificadamente altos calificativos; los malos eran muy escasos, tan escasos, que quien escribe estas páginas, apenas recuerda en toda su vida dos de ellos, y aún así, eran buenas personas, el resto, es decir casi todos fueron excelentes, y con algunos casi excepcionales a tal punto que tales Profesores merecerían calificativo de auténticos Genios de la enseñanza y de la Cultura. En general, la población de hace setenta años, prácticamente desconocía el hurto, el robo, el atraco a mano armada, la agresión con lesiones, el agavillamiento, pandillaje, el homicidio, la violación, o la traición a la Patria. Actualmente el panorama es totalmente opuesto, lo que antes era excepción ahora es la norma. Vamos camino al desastre.

20

Seguramente nuestros amables lectores están pensando que lo que están leyendo no tiene mucho que ver con el título del libro. Hablar de una supuesta Cuarta Dimensión introduciendo trozos de diversos temas que parece que no tuvieran nada que ver con el caso, pudiera hacernos parecer ridículos o tontos, por eso es que creo que es importante hacer una aclaratoria: Para llegar a justificar las cosas que se relacionan con esa Cuarta Dimensión, que en definitiva debiéramos llamarla más bien Zona Espiritual, es necesario estar al tanto de la Zona Física, la corporal, que todos los días, a todas horas nos hace tanto padecer o alegrar. Hay una concatenación importante entre los hechos corrientes y los anormales, y para ellos, es necesario que hagamos que el estado de ánimo de nuestros lectores se pongan en muy dife-rentes situaciones que al final, al integrarlas, nos justificarán el haber escrito ciertas teorías, que en su gran mayoría, hasta el momento, podrían ser consideradas como apóstatas, o lo que es aún peor, como estúpidas. Conjun-tamente con lo ya indicado podemos adicionar lo siguiente:

Escribir no es tan fácil como pudiera uno imaginarse. Tomas la pluma, el bolígrafo, la máquina de escribir... o la computadora y arrancas a poner en letras tus pensamientos. Pero esos pensamientos, que parecen claros, sencillos de expresar, deben atravesar un tamiz fino y delicado antes de quedar impresos. Ese tamiz está formado por muchas cosas, por muchas variables, como diría un ciento-fico, algunas de las cuales podrían ser las siguientes, (y digo "podrían ser", porque no siempre se aplican a cada caso). Primera: Deben ir dirigidas a alguien, y esta es la primera gran dificultad. No es lo mismo escribir para militares que para filósofos, ni tampoco lo es escribir para poetas en lugar de para políticos. Si aspiramos ser leídos por todos, tendremos que escribir algo que sea interesante para todo el mundo, cosa bien difícil, pues inclusive escribiendo sobre comida o dinero, que aparentemente debe interesar a todo el mundo, encontraremos que hay a quienes eso no les interesa un comino. Si tratamos un tema muy especifico, muy especializado, sólo será leído por unos pocos, los especialistas en la materia, o los aficionados a la misma. Entonces, ¿Qué hacer?. Simplemente, pensar, pensar y volver a pensar, por ejemplo, yo, para comenzar a escribir este libro me digo a mi mismo: Tiene que ser una obra simpática en su lectura, amena al máximo, pero que sea al mismo tiempo lo más seria posible, es decir, que diga cosas racionalizadas, interesantes, tratando de eludir la estupidez, la pedantería o intereses publicitarios ajenos a la obra misma. Sin embargo, como hay que ser realista, debo de pensar también en que hay gente sabia, muy inteligente, capacitada ampliamente, "normal", poco inteligente, torpe, estúpida e imbécil, y todos • ellos posiblemente empiecen a leer mi obra. Debo pues escribir algo que sea leído por todos ellos hasta el final, y no que lo dejen en

FERNANDO HERRERA ÁLVAREZ

las primeras líneas, a la mitad, o a punto de
concluir (ésta última, la más grave de todas las
posibilidades mencionadas). También puedo
optar por escribir algo dirigido únicamente a un
pequeño grupo, por ejemplo: al de los sabios.
!Qué cosa tan difícil!, para escribir a los sabios hay que serlo también, y yo no lo soy.
Este es ya el primer problema serio. Si voy a
escribir a los estúpidos, aunque yo no me crea
un estúpido, al menos debo meterme en el
corazoncito de ellos y tratar de escribir imaginando lo que le agrada a tal tipo de sujeto. En
verdad, el trabajo tampoco es muy viable, hay
que tener un terrible poder de imaginación. En
definitiva, aparentemente lo más sencillo seria
escribir para la gente "normal", pero ¿quién es
la gente normal?. La normalidad es algo muy
relativo, y eso muy bien lo sabemos los psicólogos y muchos de los que no lo son,
por ejemplo: en ciertos paises orientales está
permitido tener varias esposas, y eso es muy
normal, pero, ¿qué pasa con alguien que tenga
varias esposas, aquí en Venezuela?. Definitivamente, después de• decir tanto, no he prácticamente llegado a nada. Segunda: Qué tipo de
lenguaje y estilo debe ser utilizado. Puede ser
un lenguaje, poético, literario de prosa elevada,
científico, descriptivo formal o narrativo fan-
tástico, novelesco, épico, satírico, humorís-
tico o hasta cómico, todavía quedan algunos
para incluir entre los antes mencionados.
Pero debemos de reconocer, que un escritor, por muy bueno que sea, no puede dominar
ampliamente todos los estilos, y que general-

mente se destaca en uno o dos a lo máximo, aunque, desde luego, hay excepciones. Por lo tanto hay que ceñirse a las posibilidades del que escribe. En mi caso particular, no estoy dentro de las excepciones antes mencionadas, por lo que me veo obligado a• escribir en el estilo que creo que me va mejor, y ojalá que el lector piense lo mismo, pues si no es así... !la catástrofe!.•

Bueno, en definitiva, (por fin me decidí a poner punto y aparte), esta obra va dirigida a todos aquellos que les de la gana de leerme, pues no me pude decidir por nadie en particular, y está escrita en un tipo de estilo que me sale a medida que escribo, y que prefiero no saber cual es, es decir, voy a escribir a lo loco, a como salga, dejando el trabajo de averiguar el estilo a los letrados o a los que tienen grandes aptitudes clasificatorias. Como es de suponer, quiero cubrirme las espaldas, por el resultado que pueda producir lo que me salga de la compu... perdón de la pluma, pidiendo, formalmente, como en efecto pido, el más amplio y completo perdón que pueda uno imaginarse, al "lectororio" que se digne leerme. (Digo lectororio, razonando asi: si auditorio es el conjunto de personas reunidas para oír, en un lugar de igual nombre, el tal "lectororio" será el conjunto de personas reunidas para leer, en una sala de lectura de cualquier biblioteca o en otro lugar de uso similar, es decir: lectores reunidos en un mismo sitio, ya que no pude encontrar en el diccionario otra palabra con ese mismo sentido, o yo no supe buscarla)... Eah pues, adelante.

I.- De lo que un psicólogo de principios del Siglo XXI puede pensar cuando va manejando su automóvil.

•

Durante los más de sesenta años que he estado manejando vehículos, o los casi ochenta que me he montado en ellos, he ido lenta, paulatinamente atando y desatando cabos, analizando e integrando, pensando y organizando una serie de ideas, que en última instancia me permiten decir lo que sigue:•

Cuando una persona se monta en un vehículo está realizando• un acto tan importante de su vida, que nos permite descubrir infinidad de facetas de la personalidad de esa persona. Veamos el porqué• de tal aseveración. Al montarnos en tal cacharro, lo hacemos por muy • diferentes motivaciones e intereses. Podemos tomar una bicicleta• para pasear, para hacer deporte, para movilizarnos porque carecemos • de otro medio de transporte, para ahorrar combustible... y así ad infinitum. Si tenemos diez años, no tendremos la misma motivación del que tenga veinte o del que alcanzó los cincuenta. A los diez, generalmente se • juega, a los veinte se hace deporte, a los cincuenta se pasea. Si en • vez de ser una bicicleta es una motocicleta, ya todo cambia... Se puede ser repartidor de una empresa, también deportista, podemos• usarla para movilizarnos en ella porque no tenemos otro vehículo o porque tenemos temperamento aventurero. Igualmente podríamos ser atracadores, cosa que difícilmente haríamos en bicicleta. Pero también hay otras variables... No es lo mismo manejar una Vespa a los cincuenta años, que una con motor de 1000 centímetros cúbicos de cilindrada a la misma edad. En el primer caso seguramente será una persona madura de pocos recursos económicos que va a su trabajo, y en• el segundo podría ser un billetudo deportista que todavía se siente joven. En fin... como podemos ver, el tipo de vehículo nos dice mucho, ya que no será lo mismo manejar un deportivo descapotable que• una camioneta tipo pickup, ni tampoco será igual manejar un potente camión del último modelo que una escuálida camionetica de carga de los años sesenta. Vamos, pues, a hablar de eso. Veamos algo sobre los automovilistas:

Tal vez, una de las formas más fáciles de conocer lo más profundo del pensamiento de los humanos, sea a través de la observación de su formas de manejar vehículos automotores. El que penetra en su pequeña, mediana o gran nave terrestre, siente que está protegido por una fuerte coraza, la coraza que dá el poder de la velocidad, el sentir que ante cualquier contingencia el vehículo apresurará la marcha, alejándose del lugar de los hechos. Ésto, indudablemente, será el sentimiento de unos, pero no el de todos. Habrá algunos otros que considerarán su vehículo como un tanque, con el cual, en un momento dado podrán arrasar con el que se coloque irreverentemente en su camino, basándose en la supuesta impunidad que dá el disculparse, so pretexto de accidente no previsible. Éstos, desde luego, son asesinos. Otros más, seguramente, al penetrar en esa pequeña guarida, tendrán el sentimiento de vivir en otro mundo; música a todo volumen, aire acondicionado, vidrios herméticos, y tal vez hasta ahumados. Para estos últimos lo que pasa afuera no tiene importancia. Embebidos en su mundo de fantasía, harán movimientos que muchas veces serán fatales para otros; no sentirán los cornetazos de aviso, puesto que están aislados del mundo.

Las personalidades más diversas tendrán reacciones también diferentes en un mundo infinito de posibilidades conductuales. Hablar de todas, o al menos de la gran mayoría, requeriría de un texto organizado en base a alguna clasificación específica, acompañando, tal clasificación, desde luego, una explicación o descripción pormenorizada de cada uno de los casos. Como es lógico suponer, tal relación abarcaría un texto voluminoso o tal vez hasta varios. No es el propósito de esta lectura, a fuerza de alcanzar precisión, convertiríamos este trabajo en algo monótono y fastidioso para los legos en el tema, o muy controversial para los especialistas. Apliquemos, pues, el sistema de los pequeños saltos, tratando de brincar por todas partes sin estar mucho tiempo en cada sitio.

Empecemos, por ejemplo, con el de aquel señor con poder económico, que además de tener que llevar un carro lujoso, para no sentir complejo de inferioridad, siente profundamente, que tiene pleno derecho de hacer lo que le venga en gana. Lo mismo puede desarrollar altas velocidades y tocar corneta o sirena, semejando una ambulancia, para que todos le dejen el paso libre, o puede caminar con toda lentitud del mundo, porque la calle es de él, y los demás deberán ir al paso que a este señor le salga del forro de su camisa. Lógicamente, este individuo se siente apoyado, enormemente apoyado por su gran amigo el dinero, y por ese otro amigo; su seguro a todo riesgo.

Habrá algunos, que teniendo un tremendo vehículo, tal vez hasta limosina, no manejan por sí mismos. sino que tienen un pobre asalariado que debe seguir las instrucciones de su amo para no quedarse sin empleo. Este tipo de conductores también tiene variantes, pues puede ser chofer de un banquero, al que le gusta ir tranquilamente de un lugar a otro, disfrutando de los placeres que el dinero puede poner dentro del vehículo, o puede ser el de un peligroso mafioso, en cuyo caso, el tal chofer se puede considerar miembro de la banda, y por ende de alta peligrosidad. Seguramente, si lo rozas, podrá hasta matarte, pues esa es la costumbre de esos pandilleros organizados en instituciones criminales.

Si el que maneja el vehículo es una "autoridad", debes cuidarte de él mucho más que de otros, pues cualquier cosa que le desagrade la convertirá en infracción, aunque seas un inocente angelito que no ha roto ni un plato.

Los únicos que sabemos que de verdad manejan bien, y son conscientes, al menos la mayoría, son los que manejan ambulancias o carros de bomberos, porque los demás... bueno de los demás, mejor no hablamos.

Si tienes un carrito deteriorado, viejito, y el chofer camina despacio, seguramente es un anciano, que le tiene tanto cariño al carrito que usaba cuando joven, que no sabe como desprenderse de él, y tampoco tiene dinero para arreglarlo y ponerlo al día. A esos señores, mejor es dejarle el paso, pues te pueden chocar, sin mala intención desde luego, sino porque la vista, a lo mejor con cataratas, ya no les deja ver la vía adecuadamente.

Otro especimen de chofer es el terrible pavo, el que le gusta hacer carreras, el que se pica si otro lo adelanta, el que te tranca la vía rápida, para que le adelantes por la lenta, porque el es muy machito, y tú tienes que hacer lo que el quiera, o te cae con quién sabe qué. De esos... ¡zape!. Aléjate porque son muy peligrosos debido a su alto grado de estupidez.

Tenemos los camioneros, que son generalmente gente ruda, porque para manejar ese tipo de vehículos hace falta tener mucha fuerza. Cualquier enclenque no puede pisar el freno de un camión de veinte toneladas. Aunque en general, no son mala gente, pues son verdaderos trabajadores del volante, siempre hay sus excepciones, por lo que lo mejorcito es alejarse lo más que puedas de ellos, para no complicarte la vida, pues chocar con esos monstruos significa pérdida total de tu carcachita.

Los autobuseros ya son otro tipo de gente. Generalmente se desesperan por recoger pasajeros antes que lo haga el compañero que va detrás de él. Muchos no respetan las paradas, (claro esto ocurre en los lugares donde no existe un verdadero control de tráfico, como en los paises del tercer mundo). Dependiendo de la seriedad de la línea, te pondrán música a todo volumen, tipo charanga, o te harán creer que vas en un avión de la mejor aerolínea. Como la mayoría son de los primeros, cuando subas a un autobús debes de tener los ánimos bien templados, pues a lo mejor deberás aguantar tales tropelías que al bajarte estarás deseando comprarte aunque sea una bicicleta.

Otro tipo de vehículos, como las motocicletas, se salen de nuestra consideración, pues en lugares como por ejemplo, la Caracas de principios del siglo XXI, están considerados como el artefacto móvil, que conjuntamente con la ametralladora, diezma a los habitantes, masacrándolos a diestra y siniestra sin ningún control policial adecuado. Mejor hablaremos de ellos si acaso nos dá por escribir algo sobre la delincuencia.

Ya pasaron aquellos tiempos en que los honrados ciclistas, fungían de repartidores de todo tipo, con su bicicleta con cesta para transporte, y que realmente eran tan útiles, que los añoramos como algo bueno perdido. Ahora esa función se la asignaron a los motorizados, pero como éstos están tan corrompidos, y son tan unmerosos, que prácticamente superan en número a cualquier otro vehículo, realizan labores antes dedicadas a los ciclistas, además de fungir de mototaxistas y quien sabe qué cosas más. Lamentablemente, aquí en nuestra ciudad, se han convertido en una auténtica plaga, y no porque sean mototaxistas, que ellos son bastante útiles, sino que so pretexto de tal oficio, toda la malandrería delincuencial asesina del país, usa las motos para cometer sus fechorías. Prácticamente, no puedes manejar tu vehículo pues la amenaza constante de las motos que te brincan por delante, por detrás, te arrancan los espejos, te rayan las puertas, y si les dices algo, te acribillan en patota de centenares de congéneres birruédicos, te obligan, salvo que puedas comprarte un acorazado, o poner blindaje a tu vehículo, a quedarte en tu casa viendo comiquítas o culebrones.

Ya hemos revisado casi todos los tipos de vehículos, pero todavía nos quedan los carritos de modelo ni muy caro, ni muy económico, ni último modelo, pero tampoco vejestorios, y esos autos, son con los que nosotros vamos a tratar de desarrollar el tema de la conducta vehicular.

Los automóviles de tipo medio, son manejados por diferente tipo de personas, con variadas cualidades psíquicas, y también diferentes habilidades corporales. Pueden ser oficinistas, amas de casa, estudiantes universitarios, taxistas, vendedores, diversos profesionales, religiosos, etc. El vehículo puede ser utilizado, tanto para trabajar, como en el caso de los taxistas y los vendedores, como para usarlos como transporte rápido hacia su lugar trabajo, como el caso de los estudiantes y los clérigos. La gran mayoría de todos ellos son gente honesta, trabajadora, estudiosa o responsable, tanto en sus trabajos, sus escuelas o sus hogares. También es el vehículo ideal para dirigirse hacia los lugares de esparcimiento, especialmente en fines de semana, cuando hay descanso laboral.

Si a alguna de estas personas le ocurre un contratiempo en su hogar, en su trabajo, o en su escuela, generalmente al tomar en su manos el volante, lo aferra, como tratando de descargar su rabia en la pobre ruedecilla, con el consiguiente peligro de perder el control del automóvil, cuando la emoción se desborda en el pensamiento. En esos casos, lo recomendable es no manejar, o respirar fuertemente varias veces antes de tomar el volante, y decirse a sí mismo; "lo que ha pasado lo dejo para después que llegue al lugar donde voy".

Están aquellas otras personas, que salen de su trabajo, o de cualquier actividad que desarrollen en forma normal, cansados, agotados muchas veces, sin ánimo ni para manejar. En esos casos existe la posibilidad de no reaccionar rápidamente, en forma adecuada, en caso de una emergencia, de las que siempre pueden ocurrir mientras manejamos un vehículo. En estos casos, puede haber varias soluciones paliativas, como ingerir algo de azúcar, reposar antes de iniciar el manejo, solicitar a otra persona que lo acompañe a manejar, etc. pero desde luego, debe reconocer que existe un grave peligro potencial de que ocurra un accidente.

Yéndonos por el lado maligno de la historia, hay que tomar en cuenta a los borrachines empedernidos, los que no saben estar unas horas sin ingerir licor, y que son una auténtica plaga social, pues tarde o temprano se convertirán en piltrafas inútiles, incapaces no sólo de manejar un volante, sino de realizar cualquier otra actividad.

No podemos olvidar a esa terrible peste del mundo actual, la droga, que por tenerla, por poseerla y poder utilizarla, se roba, se mata, se destruyen hogares, se arruina la vida, tanto del drogadicto como de las personas que lo rodean.

La droga es signo de vicio y muerte. Ambos, tanto el alcohólico como el drogadicto, son una autentica plaga social, peor que las siete, tan célebres, que asolaron Egipto en la época faraónica.

Tomando estas consideraciones, es fácil deducir a lo que se enfrenta una persona que maneje debidamente, que pasee por la calle, o que trate de llegar temprano a su trabajo o escuela; se enfrenta a terribles peligros, creados por esta sociedad tan corrupta e irresponsable, que es capaz de castigar cosas como hurtar una manzana, pero es incapaz de encarcelar a un asesino potencial del volante.

Vistos desde otro punto de vista estos datos que hemos enunciado, es fácil observar la gran diferencia que existe entre unos y otros seres humanos. Estas diferencias en el comportamiento físico, hacen que el espíritu de cada una también sea diferente, por lo que podemos con gran facilidad de deducción establecer que lo que ocurre el en plano físico también es similar en el espiritual. Esas diferencias pueden ser apreciadas cuando trabajamos en el área de la Cuarta Dimensión.

21

A pesar de que ya voy por el número 21, y para un escritor que no esté medio loco, escribir lo que voy a decir podría, a criterio de muchos reafirmar tal insanía mental, como en general lo que estoy diciendo a través de este texto a muchas personas les parecerá un auténtico adefesio, a nadie le parecerá extraño que introduzca temas tan dispares en algo que debería tener una secuencia lógica.así es que... ¡adelante!.

Escribir la verdad de lo que uno siente verdaderamente no es nada sencillo. Son muchos los intereses opuestos que pueden impedir expresar sinceramente esos pensamientos: personas que quedan involucradas negativamente, riesgos de indicar cosas no permitidas por la costumbre, crearse enemistades profesionales, familiares, ciudadanas, y hasta en última instancia de la misma especie a la que se pertenece.

Pensar en publicarlas, es algo mucho más remoto, pues en este caso particular significaría enemistarse con casi toda la especie humana con los consecuentes riesgos durante el lapso que • pueda quedarle a uno de vida, especialmente si se afecta los intereses de fanáticos políticos, religiosos o sociales de cualquier índole. Posiblemente se buscarían pretextos para impedir su• publicación, o simplemente se leerían unas líneas y al sentirse afectados rechazarían el resto de la lectura.

Sin embargo, a pesar de todos los pesares, he decidido escribir aunque sólo sea para mi propio deleite o consternación. Pienso utilizar esta redacción para liberar en parte las tensiones que me colman y que necesitan algo o alguien semejante a un sacerdote o un psicólogo. Esto, indudablemente no lo puedo tampoco hacer puesto que seguramente esos profesionales no comulgarían con mis ideas y posiblemente me tildarían de loco o de estúpido. Opto pues, por escribir ante mi computadora, y dejarlo grabado en un disco de informática, ni siquiera sé con qué finalidad. Si después de mi muerte alguien lo leyera, seguramente contribuiría a dejar un mal recuerdo mío, como algo escrito por un ser despreciable que no mereció vivir. !No importa!, ya lo he decidido.

Hace muchos años, cuando era niño, desarrollaba en mi pensamiento ideas de triunfo y de gloria. Imaginaba ser alguien importante, tal como un célebre compositor, un gran inventor o un • importante descubridor. Posteriormente hubiera querido ser un gran escritor. Desde pequeño escribí muchas cosas. En realidad • siempre he estado escribiendo por placer, pero sin llegar a • realizar nada verdaderamente valioso: Pequeñas historias fantásticas antes de los diez años, poemas hasta los veinte, ensayos científicos hasta los cuarenta, pseudofilosofía hasta el presente. Algunas veces he releído lo escrito y he quedado asombrado, aunque muchas veces más me he sentido avergonzado.

.

En los últimos años transcurridos hasta el momento en que redacto estas líneas me he sentido compulsado a escribir algo que cambiara la forma de pensar de la humanidad, tal como lo logró Cervantes con su Quijote, pero lamentablemente soy demasíado mediocre para tal cosa. Actualmente tengo pensamientos ruines, depresivos, enigmáticos y posiblemente psicóticos y psicopáticos. Es tanto lo que había esperado de la Humanidad, y es tan poco lo que he visto que reciben otros y yo mismo, que me he convertido en un huraño melancólico, pesimista, y por ende perjudicial para los que me • rodean. A pesar de ello, voy a seguir escribiendo.

Quiero ser totalmente sincero, y decir algo despreciable: Me avergüenzo profundamente de ser un Ser Humano, creo que• estaría más satisfecho sintiéndome un gato o una hormiga, y voy a • expresar las razones por las cuales muchas veces pienso así, (obviamente algunas otras me siento orgulloso de pertenecer a • este Homo Sapiens Criminalis).

.

22

¡Cuántas veces me hubiera gustado saber como piensan ciertos animales!, sobre todos aquellos que han sido no solamente amigos del hombre sino sus aliados. Entre todos ellos creo que el caballo es el animal que más utilidad nos ha prestado, desde luego que no estoy tomando en cuenta a los insectos, y en especial a las abejas, que son las responsables de lo mejor de la agricultura humana, pues el caballo, en el pasado fue el único medio de transporte que poseíamos, el único animal que permitía una comunicación más o menos rápida, no olvidando desde luego a las palomas mensajeras ni a los halcones amaestrados, inclusive el caballo, en regiones como Francia ha constituído un excelente alimento, el cual yo también he probado, y observado que no tiene nada que envidiar a una buena res. La única parte mala del caballo, y no por culpa de él, es que es usado en las carreras, convirtiendo a una gran parte de los seres humanos en elementos viciosos que ansían hacerse ricos sin trabajar. El caballo, además de ser útil, es un animal fiel a su cuidador, inteligente, y muchas cosas más que en nuestra condición de humanos no somos capaces de entender. Hoy día, es objeto de un casi total despego. El ser humano, desagradecido como siempre, no recuerda las épocas en que era el único medio con que se trasladaba en aquellas regiones inhóspitas y peligrosas del pasado no muy lejano, en que había asaltantes cada vuelta de la esquina.

En segundo lugar, yo ubicaría al gato, ese animalito simpático, cariñoso, fiel aunque no lo parezca, inteligente como ninguno, captador de nuestros pensamientos, sin dejar atrás al perrito, que desde luego también es muy importante. Al gato hay que comprenderle en lo más profundo de sus pensamientos. Aquel que lo ha logrado se siente tan satisfecho con su compañía que difícilmente lo cambiaría por otro animal. Tal vez debiéramos colocar al perro en tercer lugar, aunque desde luego no es tan silencioso como el gato ni tan limpio como él. El perro, hoy día no nos sirve como cuidador, pues los delincuentes fácilmente los dejan inutilizados, y en realidad su forma persistente, a veces permanente de ladrar sin motivos importantes, se nos hace fastidioso, sin embargo debemos reconocer que ha prestado alguna utilidad en la caza, en el cuido de rebaños y otras actividades hoy día poco manejables. No es tan útil como el pequeño felino, que nos limpia el hábitat de animales perjudiciales, aunque cuando lo intenta, de buena fé, muchas veces sale perdiendo, porque un perro contra una culebra no se defiende igual que el cauteloso gatito.

Podríamos alargar esta lista en forma casi indefinida, porque son tantos los animalitos que en una u otra forma nos dan su cariño, su amistad, su sincero afecto, que nos sentiríamos avergonzados de nuestros propios pensamientos egoístas. No nos referimos en absoluto a esos pobrecitos esclavos nuestros que nos producen la alimentación, y que lamentablemente no existe, por el momento, posibilidad de liberarlos de tales penurias atroces.

Todo esto dicho sobre los animales, en el fondo tiene una finalidad, aunque un poco desviada aparentemente de nuestro objetivo. Debemos reconocer que los animales, al igual que los seres humanos, tienen sentimientos, de diferente índole, pero indudablemente formas de pensamiento que los hace diferentes a unos de los otros, y que al igual que nosotros también poseen un espíritu inmortal que se manifestará en alguna forma, igual que lo hace el nuestro a la hora de pasar a la Cuarta Dimensión.

23

Como escribir cosas negativas cansa tanto al lector como al autor, permítanme hacer una especie de receso hablando sobre algo lejano en apariencia, pero muy cercano al espíritu de la gente, la música, y de esa música, únicamente como ejemplo hablaremos del pasodoble: Cualquier español, vibrará de intensa emoción al escuchar las alegres notas de un pasodoble, o sentir la nostalgia de la tierra al son de una muñeira, una sardana, o una folía canaria, o acompañar con alegría los cantos de

Andalucía. La Madre Patria Española es la Tierra de la Música, y por lo tanto nombrar uno por uno los estilos de cada región, no es posible en la extensión de este tan limitado trabajo literario. Sin embargo hagamos una excepción con el pasodoble antes mencionado. El pasodoble, Emperador de nuestros ritmos, por sí solo merece un comentario. Su música enaltece el alma, llena de vigor y energía nuestros cuerpos cansados, elimina los pensamientos tristes y aleja la amargura de los corazones. Escuchando un pasodoble comenzamos a vivir de nuevo, con redoblada alegría y esperanza.. escuchando las cadencias sonoras del pasodoble la esencia más íntima y más noble de nuestro ser se escapa de cada molécula de nuestro cuerpo y se lanza al espacio infinito en busca de la majestad Divina. Escuchando sus notas podemos alcanzar la Gloria del Edén. No existe ningún ritmo sobre La Tierra, y seguramente en todo el Universo capaz de levantar el ánimo tan intensamente como él, haciéndonos olvidar tristezas y penurias... y lo más importante de todo: ¡Posee el poder de hacer sentirnos de esa raza!. El Pasodoble posee el don de llevar en sus notas un pequeño pedacito inmenso de cada rincón de España. El pasodoble emociona a los enamorados, dá valor al guerrero como si fuera una marcha militar, alegra al triste haciéndole mitigar sus penas.

En cada país, en cada nacionalidad, en forma más o menos constante, existen algunos hechos aislados, que unidos, integrados, hacen tener a sus naturales la sensación de grandeza, honorabilidad, valentía, y muchas cosas más que definen la idea de patriotismo; pero todo ello pierde consistencia al menor golpe del destino. Un gran gigante económico puede perder un porcentaje de ese patriotismo en sus naturales simplemente porque haya una bancarrota de las bolsas de valores; un pueblo fanático de su religión puede muchas veces perder el sentido de patria si no va acompañado del triunfo de sus creencias místicas; un pueblo artificial, creado por decreto de la asamblea de otros pueblos, no puede sentirse verdaderamente Patria si ha sido forjado a costa del sacrificio de muchos más. La más grande confederación del planeta puede sentirse estratégicamente poderosa, pero si su historia no es común a todos sus pueblos, jamás podrá formar una verdadera unidad humana; y así lo mismo ocurre con el gran gigante poblacional al cual quinientas diversas lenguas lo separan de la unidad

Pero, en España, la Patria de sus habitantes se ha forjado bajo condiciones muy distintas. La unidad y la diversidad están mezcladas, y en forma inseparable; el triunfo y la desgracia forman parte de toda una Historia común, y por ello es mucho más firme el sentimiento patriótico de cualquier español. No importa que la rebeldía más profunda, incapaz de aceptar el yugo de nadie, le haga aparentemente rechazar su cualidad de español para imaginarse ser miembro de una patria regionalista independiente. Cuando llega el momento de la verdad, cuando el soldado se enfrenta a su ineludible destino de defender la Patria Grande, se olvida de su terruño, sus venas se llenan de la sangre gloriosa transmitida por sus inmortales ancestros, y entonces vuelve a pensar en grande. ¿Podría alguien imaginarse a Ignacio de Loyola, Grande Inmortal de España, refugiándose tímidamente en la patria chica de un lugar del Norte?, Solamente aquellos a quienes la naturaleza les ha desposeído de facultades mentales suficientes serían capaces de cometer tal aberración humana, y aún así, en esos casos, por ser seres inferiores merecen nuestro perdón y compasión, a pesar de que necesitemos materialmente eliminarlos para poder vivir decentemente. El Tiempo verá, y no tan lejano, en que haremos extensivos esos sentimientos de unión, no ya el de ser Españoles, sino al de también, Gloriosamente, ser Europeos, Hispanoamericanos o Terrícolas.

Estamos hablando de la música, y en este caso lo hicimos de la popular más relevante, pero también pudiéramos hacerlo de otra más elevada en su composición, salida de la pluma de Falla, Tchaikovsky o Berlioz, y el sentimiento también sería de honor y respeto para tales composiciones maravillosas. Debemos resaltar que la música es el contacto más directo con el espíritu, ni no solamente con el nuestro, sino con el de todo el orbe, por lo tanto debemos tomarlo muy en cuenta a la hora de estudiar los fenómenos de la Cuarta Dimensión. Recordemos que el sonido, la audición, es el órgano sensorial del ser humano que inició su formación con mayor antelación. Éso, nos debe hacer pensar más de lo que podríamos imaginar.

24

Estábamos observando como una mujer, con actitud destemplada, mirada furibunda y hablar exaltado, barbullando, más que expresando, trataba de demostrar su ira ante el simple hecho de que un perro lobo siberiano, de apenas once meses de nacido, le había destrozado una mata de hierbabuena al dejarlo solo unos momentos mientras lavaba los excrementos que el mismo animal había depositado ese día como lo hacía consuetudinariamente.

Un hecho tan relativamente corriente, y el cual generalmente es interpretado de diversas formas dependiendo del interlocutor que nos lo exprese... nos hizo reflexionar profundamente sobre cosas, muchas cosas, que tal vez, según la gente, no tengan nada que ver con lo que relatamos.

Le estamos exigiendo a un pobre perro, no entrenado, joven, sin apenas experiencia ante la vida, que mantenga una actitud seria, honorable, que vea una planta de hierbabuena, tan agradable al olor y al sabor (la he degustado personalmente), y no sienta el irrefrenable deseo de mordisquearla y jugar con ella. Ese escaso año de edad, para el perro es equivalente a cinco o seis años para un ser humano, y ¿Nosotros le exigiríamos a un niño de esa edad que no haga de vez en cuando alguna pequeña travesura?. Y es obvio que la comparación sería válida si la capacidad intelectual del perro fuera de desarrollo comparado igual o parecida a la del hombre, pero sabemos que no es así, que el animal, por muy inteligente que sea no tiene un cerebro ni siquiera remotamente próximo al del ser humano.

Esta última reflexión, nos ha llevado a escribir este pensamiento, porque dado que tenemos permanente y constante contacto con seres humanos de diversa índole, nos ha sido dable establecer comparaciones, desarrollar criterios propios y llegar a muy personales (y terribles) conclusiones.

Una de las actividades que hemos desarrollado por más tiempo durante nuestra vida ha sido la de Orientador en un instituto educacional. Ante nuestra presencia han pasado alumnos de diferentes edades consultando problemas de muy diversa índole. Esta función de orientación, como sabrán muchos de nuestros lectores, trae aparejada, simultáneamente otro cúmulo de funciones de índole docente, tales como organizar guiaturas de aula, ocasionalmente realizar tratamientos psicológicos (esto último por nuestra condición de Psicólogo), preparar materiales y actividades para los docentes que van a desarrollar las guiaturas, aconsejar a dichos docentes sobre casos particulares, servir de intermediario entre otras instituciones de índole educativa o social y los alumnos, docentes, empleados y obreros de esa o cualquier otra institución académica, gubernamental o privada.

Hablábamos de un perro, y decíamos que es de muy inferior inteligencia a la del hombre, pero, debemos hacer algunas aclaraciones, pues tal como se expresa ese supuesto aserto se está incurriendo en graves errores y contradicciones, veamos:

Si nos referimos al ser humano como el ente desarrollado que ha alcanzado un grado de tecnología y educación tan elevado como el que aparentemente nos demuestran los cientos de aparatos técnicos que acostumbramos comprar y utilizar, o aquel que se introduce en gigantescas bibliotecas públicas y aún hasta privadas para acrecentar su saber en aras de su superación intelectual... el aserto será correcto. Pero, si tomamos como punto de referencia el del humanoide que pensando sólo en sí mismo y en su propio placer roba, viola o mata, o de aquel que pierde miserablemente su tiempo vital en una esquina de barrio holgazaneando y profiriendo vulgaridades de toda índole, solazándose con la ingestión de bebidas alcohólicas o estupefacientes... obviamente que estamos incurriendo en grave error de información.

A veces reflexionando, no podemos menos que caer en una profunda duda que amerita numerosas preguntas y obviamente igual número de respuestas: ¿Por qué unos seres humanos han desarrollado una tan alta capacidad intelectual suficiente para ser capaces de crear objetos y equipos de tan compleja constitución interna, tales como vehículos de alta velocidad, mecanismos transformadores de ondas diversas, medicamentos terapéuticos de alto rendimiento, y por otro lado hay sujetos tan incapaces de utilizar dichos adelantos científicos honorablemente, ya que su cerebro es totalmente inadecuado para entender la maraña tecnológica de su creación?. Deberíamos trabajar con los promedios para lograr una aproximación al rendimiento humano general, pero ello sería similar a intentar mezclar agua con aceite y querer obtener una solución estable.

¿Por qué hay individuos capaces de integrar amplias áreas del conocimiento y tener ideas muy claras sobre sus conceptos fundamentales y hasta especializados, desarrollando complicados proyectos que seguramente serán capaces de llevar a feliz término sin importar qué tiempo transcurra, y otros son incapaces de saber siquiera lo que harán al día siguiente, sumergidos en una persistente abulia, asociada con ignorancia y desconsideración hacia sus semejantes?.

Por un lado tenemos el trabajo de los laboratorios y universidades alcanzando constantemente nuevas metas del conocimiento, y por otro, estudiantes incapaces de alcanzar ese mismo conocimiento mínimo, desangrando de recursos económicos a los gobiernos que hacen esfuerzos reiterados por lograr un grado cultural más elevado, en sus respectivas poblaciones.

Con respecto a esto último mencionado, da tristeza ser trabajador docente en una escuela de educación secundaria (bachillerato) y observar todos los días del año, la casi plena incapacidad de obtención de conocimientos por parte de un alumnado de tan bajo rendimiento escolar. Es frecuente que alumnos del Séptimo Grado, en su gran mayoría, no sepan apenas leer, y como es obvio, tampoco pueden entender lo poco que leen, pues carecen del mínimo conocimiento idiomático para entender lo leído o saber expresar lo que puedan haber interpretado. Aquí surge otra pregunta: ¿Qué hicieron estos alumnos, y sus maestros, por supuesto, durante los seis años anteriores de la educación primaria?. Seguramente los pasaron de un grado a otro, careciendo del mínimo conocimiento requerido, tal vez para quitarse el próximo año a un alumno perturbador de la clase, o simplemente para cubrir los requisitos estadísticos de porcentajes de aprobados. Resultado: Sujetos que se gradúan de Bachilleres de la República, con menos conocimientos y un grado cultural inferior al de un alumno del antaño Sexto Grado.

Esto no ocurría en el pasado. Recordamos que hace más de cincuenta años estudiar un simple bachillerato requería más esfuerzos para adquirir los conocimientos exigidos, como hoy día para graduarse de algunas carreras universitarias. Esto, indudablemente es consecuencia del proceso constante de deterioro de la educación, como consecuencia de las supuestas reivindicaciones, reducción de programas y de horarios, además de los deficientes sueldos de los profesores. Ha sucedido algo semejante a lo acaecido con en la mano de obra, la cual, como producto de las exigencias políticas de los sindicalistas y de ciertos gremios, ha logrado reducir tanto los horarios, como la calidad de la producción, al igual que ocurrió con la educación que se aspira a obtener el sueldo, o el grado, sin realizar verdaderos esfuerzos.

Este comportamiento, que ha deteriorado el rendimiento personal en casi todos los campos, está deteriorando también el grado de inteligencia de los estudiantes, y del ser humano en general, en consecuencia, al igual que el menor empeño en realizar trabajos buenos para los patrones, está mermando la capacidad de realizar buenos trabajos de toda índole, lo cual, indefectiblemente redunda en el deterioro de la humanidad, al menos en los países donde tal barbaridad ocurre o ha sucedido.

25

Estar recluído en un centro carcelario puede remover en la persona enclaustrada sentimientos de muy diverso tipo: desde la rabia y desesperación de sentirse impotente frente al deseo de libertad, frustración al ver que lo que se había soñado se ha • transformado en pesadilla, hasta la angustia de tal vez haber sido objeto de la • fatalidad y la injusticia, pasando inclusive, por el deseo de venganza hacia la sociedad o las personas a quienes considera responsables del imprevisto. Todo ello significa, en una u otra forma, bajar las defensas ante la vida, hundirse en el abismo de la desesperanza y empezar a perder lo mucho o poco bueno que aún queda en el pensamiento del individuo.

La vida del ser humano es un continuo matizado por todo tipo de experiencias, las cuales percibimos como agradables o desagradables de acuerdo con nuestras propias expectativas, pero todas, buenas o malas, son experiencias al fin y al cabo, y como tales nos hacen aumentar nuestra capacidad de enfrentarnos a situaciones cada vez más y más conflictivas. En definitiva, no existe nada definitivamente malo, como tampoco hay nada totalmente bueno. Como ejemplo notorio lo tenemos en los supermillonarios a los cuales su riqueza no puede darles felicidad o el del notable profesional envidiado miserablemente por los incapaces de alcanzar su nivel, y que por ende, se siente permanentemente amenazado por los envidiosos.

La clave del éxito y la felicidad en la vida, no es precisamente gozar de una supuesta libertad corporal o de una declarada riqueza económica. Lo verdaderamente valioso está dentro de nosotros mismos, aún dentro de una celda podemos sentir el inmenso placer de respirar vida, de pensar en un ser ideal, creado con nuestro propio pensamiento. Sacarle el placer a lo más pequeño que nos rodea, desde ver caminar a • una hormiguita hasta ver la cara airada de un guardián infeliz con su trabajo que podemos obsequiarle una sonrisa de comprensión, o acercarse a un compañero al que pueda ayudarse con alguna palabra de aliento.

Si los años van a transcurrir dentro de un recinto carcelario poco confortable,• no hay por qué pensar que ese es el fín del mundo y de la propia vida. Aprovechar ese tiempo enriqueciendo las propias experiencias a través de lo acaecido a nosotros mismos o a otras personas, hará que el día que sea ordenada la libertad, se tenga el sentimiento real de que los años transcurridos en el encierro no han sido vanos. El individuo habrá crecido como persona ante los demás, y lo que es más importante: ante sí mismo.

Respetarse a sí mismo es comprender que lo bueno o malo que se hizo en un momento determinado fué producto de un estado anormal del pensamiento que condujo a una ACción indebida o incorrecta. El arrepentimiento, y la frustración como tales, son signos de flaqueza intelectual si van acompañados de remordimientos, deseos de venganza u otros pensamientos morbosos. Lo hecho, bueno o malo, hecho está, forma parte de la historia individual o colectiva, y por ende no puede ser cambiado. Sin embargo, sí es posible cambiar la actitud ante la vida, desde el momento presente con proyección hacia el futuro. Utilizar la mala experiencia para mejorar nuestro desempeño presente y futuro. Todo ser humano, por ser imperfecto, se equivoca alguna vez. Y si nosotros tenemos derecho a cometer errores, también lo tienen los otros. No es que pongamos la otra mejilla como decían de Jesucristo, sino que hay que ser objetivos. Las metas siempre están a nuestro alcance. Tratemos de alcanzar aquellas que estén dentro de nuestras actuales posibilidades, eliminando la mayor cantidad de errores posibles; pero, si a pesar de ello nos equivocamos, sigamos adelante, ayudémonos mutuamente, y si no encontramos en quién apoyarnos, ¡no importa!, hagámoslo solos.

26

Muchas personas creen ciegamente en la influencia de los astros, y en base a ello todos los días leen su horóscopo con la idea de prevenirse de futuros males o de aprovechar una posición astral beneficiosa. ¿Qué influencia pueden tener sobre nosotros planetas tan lejanos como Saturno, Urano o Neptuno?. Ninguna, desde luego. Los únicos astros que nos influencian, por su proximidad son la Luna y el Sol, y esa influencia es de tipo físico, y nada tiene que ver con la suerte o el destino; la Luna, que produce las mareas y ciertos fenómenos biológicos en la agricultura fundamentalmente; el Sol creando tormentas radioeléctricas que nos interrumpen las comunicaciones, y algunas otras consecuencias por el estilo. Sin embargo, nuestra mente, que es muy poderosa, si es capaz de influir en nuestro destino. Si nosotros leemos en el horóscopo que nos puede ocurrir tal cosa, nos sugestionaremos e inconscientemente haremos que tal cosa ocurra. No porque Venus estaba en el campo de Marte, sino porque desarrollamos el poderoso fenómeno psíquico de la autosugestión, que puede mover montañas. Amigo mío, por lo tanto, te recomendamos que para que no te autosugestiones e inconscientemente cruces la calle sin mirar a los lados, preocupado porque el horóscopo te dijo que te iba a golpear un carro... no leas esas tonterías y así evitarás que el vehículo te atropelle de verdad.

27

Todos, desde pequeños, estamos acostumbrados a leer libros. Libros en la Escuela, libros de cuentos para dormir, libros novelados o de aventuras para distraernos, y los que llegan más lejos... libros de ciencia y tecnología, de filosofía, de letras, etc., etc., etc., y todos hemos pensado que por estar en un libro es plenamente cierto lo que dicen, especialmente los de ciencia e historia. Pero, pensemos un poco: Los libros son escritos por personas, personas que pueden tener diferentes experiencias de vida o inclusive poseer diferentes bagajes instructivos. Hay muchas cosas que con el tiempo descubrimos que estaban erradas, pero si eres escritor las dirás antes que descubras tal error. Constantemente se descubren cosas novedosas que dan al traste con antiguos conocimientos, ya sea en genética, en geología, en física, etc. A veces, llegando a viejos, descubrimos que hemos estado toda una vida equivocados en algo. En conclusión, los libros nos sirven de orientación, de estímulo, pero no debemos creer ciegamente lo que dicen sin al menos ponernos en el lugar del escritor y ver donde pudo haber errores. En la Historia se han cometido muchas barbaridades, muchas injusticias. Héroes casi idolatrados que a lo mejor no fueron tales, y pobres diablos que fueron salvadores de multitudes, nunca recompensados. La historia se escribe por alguien que tiene su propia forma de entender el problema, pero a lo mejor, el que conoce mejor los hechos simplemente no es escritor. Por lo tanto amigos, les recomiendo que no crean a pies juntillas todo lo que leen, ni en libros, ni en diarios o revistas, y lo que oyen en las emisoras, pues todo generalmente está parcializado y jamás sabremos la verdad verdadera.

Las cosas que yo les digo y más adelante también les expondré, también deben ser consideradas en esta forma, y mucha más dado que yo no soy un escritor célebre, ni tengo fama de sabio, nadie prácticamente me conoce, y las cosas que digo parecen muy sospechosas. Lo que escribo en estas páginas son para que ustedes las analicen, las lean con detenimiento tal vez más de una vez, y traten de encontrar la verdad o mentira que hay en lo profundo de tales pensamientos. Sólo en esa forma este librito les puede ser útil. Si esta lectura les hace cambiar alguna forma de pensar que ustedes pudieran tener con anterioridad, no será porque yo se lo dije, sino que simplemente, que yo, como psicólogo y orientador, les abrí varias puertas del conocimiento y ustedes entraron en ellas, a su propio criterio, ayudados por los muchos o pocos conocimientos que tengan en alguna de las materias en las que apoyamos nuestras disertaciones.

28

La amistad es algo muy bello. Tener un amigo es poseer un tesoro. Lamentablemente los verdaderos amigos son muy escasos, porque ser amigo de alguien implica ser capaz de hacer por el bien del otro cualquier cosa que podamos, aún a costa de nuestro propio sacrificio. Lamentablemente la especie humana está en una etapa de progreso científico pero de decadencia moral, y esa decadencia implica que es muy raro que alguien verdaderamente haga algo por otro a costa de su sacrificio. Tales casos sólo se encuentran, y no totalmente, entre miembros cercanos de nuestras propias familias. En la prensa es corriente leer casos de hijos que matan a sus padres o padres que dañan a sus hijos, homicidios entre hermanos, demandas judiciales entre familiares, acuciados por la avaricia monetaria. Individuos que esperan la muerte de un familiar cercano para heredarlo, y no lo matan por miedo a la justicia, pero no porque lo amen verdaderamente. Ante este panorama catastrófico, que indudablemente no es nuevo, pues la Historia del Hombre está llena de desafueros de todo tipo, es lógico ser muy cuidadoso con aquel a quien consideramos amigo. Muchas veces la amistad en realidad lo que implica es la posibilidad de obtener algún beneficio de tal persona. No negamos en absoluto que existen algunas personas capaces de ser amigos verdaderos, pero cada día son más escasas. El problema es saber quién es o quien no es amigo de verdad. Es un problema tan complicado de resolver como este otro que transcribimos mas adelante. (Con anterioridad hemos editado un libro llamado Manual de Vida para Jóvenes Inexpertos, donde exponemos la mejor forma de saber si alguien es amigo verdadero o no).

La mayor parte de las personas viven muy descuidadamente, pensando que no importa cómo se viva, pues creemos que siempre tendremos momentos para recuperarnos de todo, volver a empezar, por siempre. La imagen de la ancianidad se ve tan lejana que a veces hasta nos burlamos de ella. Aunque esta forma de pensar, algunas veces tiene su lado positivo, generalmente es destructora. Nos hace vivir sin pensar en el futuro, solamente gozamos el presente a más no poder, hasta que algunas veces desfallecemos. En tal estado anímico somos incapaces de cuidar nuestra salud, porque nos sentimos fuertes, casi inmortales; no procuramos tener relaciones estables, porque es muy cómodo evadir responsabilidades y vivir alocadamente. Los años de la infancia siempre nos parecen muy largos, los de la adolescencia se acortan un poco, pero aún así siguen pareciéndonos bastante largos; al llegar a la juventud, casi ni pensamos en que sean largos o cortos; ya en la madurez el tiempo nos parece que pasa más rápidamente, pero no importa, pues todavía somos jóvenes, cuarenta o cincuenta años no es nada. Cuando traspasamos el umbral de los sesenta sentimos que las cosas no son como creíamos, desesperadamente empezamos a hacer ejercicios para mejorar la salud, buscamos relacionarnos establemente, pero lamentablemente ya el tiempo transcurrido ha sido mucho y muchas cosas ya nos llegan tarde; cuando sobrepasas los setenta, si es que tienes la suerte de llegar allí, a pesar de la terrible inseguridad reinante, empiezas a arrepentirte de las cosas que no hemos hecho, y de las que podíamos haber realizado, la melancolía tal vez nos embarga a algunos, o la conformidad nos alienta a otros. En resumen: nuestra recomendación a la gente joven es: dado que la vida en realidad transcurre prácticamente en un santiamén del universo, debemos disfrutarla plenamente, pero en forma sana, no forzar demasiado el cuerpo con vicios de cualquier índole, aunque el dinero es importante, siempre es bueno guardar algo, pues a lo mejor cuando seas ancianito no tendrás quien te cuide, podrías tener que vivir debajo de un puente si al menos no tienes tu casita, y a lo mejor tendrás que mendigar si la pensión de vejez no te alcanza para comprar medicinas, de haber ahorrado algo seguramente el daño será menor. Ser anciano y no tener un perrito que te ladre, es decir, esposa, hijos, nietos, amigos, etc. Puede llevarte a desear el final antes de tiempo. ¡Piensa, y recapacita, más vale prevenir que lamentar!.

Por si fuera poco, hé aquí otro problemita más:

Nos quejamos de la inseguridad reinante, del número exagerado de homicidios, atracos, secuestros y violaciones, pero nosotros somos los causantes de tal locura social. Durante mucho tiempo hemos luchado por reivindicar supuestos derechos que no tenían los trogloditas, tales como menos horas de trabajo, mayores sueldos, libertad sexual, vivir después de los 55 ó 60 años a costillas del estado, etc. Muchas de esas cosas las hemos logrado pero a costa de reducir las materias de estudio en las escuelas, de prohibir las reprimendas tanto paternales como de educadores, de permitir a los niños en las guarderías gritar desaforadamente... ¡y que para liberar tensiones y tener libertad de expresión!, también trabajar con desgano en las fábricas y exigir sueldos de socio, etc. El resultado es obvio: los niños, al crecer se sienten independientes, no hacen caso a los padres y mucho menos a los profesores, exigen que les aprueben las materias casi sin estudiar amenazando a sus docentes si los reprueban; gritan a más no poder aunque sean las tres de la mañana en día laborable. Como no siempre las personas otorgan fácilmente lo que les han enseñado a exigir de otros, se lo quitan por la fuerza, pues su sentido de libertad de independencia les hace ver a la policia como innecesarios; no acatan las leyes, porque como para ser buenos gobernantes hay que dejar que todo el mundo haga lo que quiera, prácticamente hay leyes pero no se aplican, y al fín y al cabo, como ésto empezó hace unos cuarenta o cincuenta años cuando ciertos psicólogos locos recomendaron tales barbaridades, hoy prácticamente toda la población es producto de tales enseñanzas; solamente los abuelitos somos los que recordamos la era en que la educación era la base de la conducta, y los buenos consejos dados a los hijos eran los que de verdad los hacían útiles en el futuro. Reeducar a la población, para que vuelva a ser decente costará mucho esfuerzo y al menos dos generaciones. La letra con sangre entra, esa es la verdad, y no como aquellos obsoletos incipientes psicólogos de antaño que para hacerse célebres se las pasaban inventando nuevas teorías sin sentido lógico y fuera de la realidad del ser humano.

29

Hace muchos años, pero no tantos que se me haya olvidado, conocí a una muchacha estudiante de administración, que dentro de las locuras y ambiciones propias de la juventud, tenía el firme propósito de superarse y demostrar su valía. Tuvo la desgracia de conocer a un compañero de estudios, que estudiaba sólo para pasar el rato, pues siendo hijo de un acaudalado mercader árabe, el cual le había dado de todo sin exigirle nada, pensaba que el mundo era de él, porque sus padres eran millonarios. En la turbulencia de su pensamiento alienado, que dicen las malas lenguas que en un tiempo hasta fué hippie, nació un capricho, el de casarse con una venezolana, para ir en contra de sus padres árabes, con los que no estaba demasiado contento, pues aunque le daban en exceso lo que les pedía, él siempre pensaba que era poco y que sus hermanos recibían mucho más. Claro sus hermanos eran personas trabajadoras, que a fuerza de sudar, en un principio, y de administrar, tipo árabe, (recuerden que tipo árabe no es tipo judío, son dos cosas totalmente diferentes), los recursos que iban adquiriendo, habían conformado un clan de mercaderes que se podían permitir cualquier lujo. Dentro de la caprichosidad del futuro esposo y de la mentalidad fantasiosa de la muchacha poco realista, ambos contrajeron matrimonio. Por un lado el contrayente masculino pudo demostrar a su familia que él era capaz de hacer lo que quisiera, aún en contra de las tradiciones libanesas de casarse siempre con una nacida en el Medio Oriente, y por su parte, la muchacha, también tuvo la satisfacción de hacer ver a sus propios familiares que también por sí sola podía elevar su condición humana. Al principio todo parecía un cuento de hadas, pues los papás del muchacho personas de excelente condición humana, costeaban todos los gastos de su bebé recién casado, dándole vehículos, apartamentos, locales y negocios, todo a título gratuito. Dentro de esa desaforada entrada independiente en el mundo de los negocios, alquilaba locales en ruinas y los convertía en palacios, importaba mercancía a precio de oro y creía poder venderla a precio de uranio. ¡Claro, el bolsillo de los papás era muy grande y al parecer nunca se vaciaba!. En ese mundo de fantasía, irreal, donde todo parecía maravilloso, aunque no lo fuera, decidieron irse a otro país, España, la tierra de las fantasías de las Mil y Una Noches Cordobesas, y al efecto decidieron desembarcar en la tierra del Cid. Obviamente como esa relación no estaba basada en un amor verdadero, sino en cubrir apariencias de todo tipo para satisfacer ambos egos, todo empezó a desmoronarse. Un esposo acostumbrado en su juventud a ser tenido por las féminas que le rodeaban como si fuera un rey, a costas del dinero de sus padres, tarde o temprano debía tener su fase crítica de exaltación, que luego, lógicamente, provocó el derrumbe caótico de la comunidad conyugal. El deseo impetuoso de tener libertad para continuar las correrías liber-tinas de su juventud decidió al joven bebé a pedir divorcio a la esposa que aún creía en pajaritos preñados al lado de él. Pretexto va, pretexto viene, se buscaban trabas para ene-mistar a los miembros de la familia, desde los padres, los hijos y los hermanos. Los padres de la muchacha, que por no tener bienes de fortuna siempre fueron considerados como los hijos de la panadera, no podían hacer nada para mejorar la situación, a pesar de que nunca sintieron nada en contra de la familia de su hija, no solamente porque no les hubieran hecho nada malo, sino porque realmente eran personas dignas de aprecio. Por presiones de esa pareja ni siquiera podían seguir comunicándose con ellos; y llegose al colmo de la estupidez cuando al sospechar que los padres de la muchacha no tenían sentimientos adversos a los familiares del ex-hippie, su propia hija durante varios años dejó de hablar a sus progenitores. Todo parece un cuento de película, pero no amigos lectores, es una historia real, de una muchacha, que actualmente, divorciada, desamparada total- mente, sin tener seguridad social, porque el esposo nunca quiso inscribirla, para así tenerla más poseída, más aislada de todos y de todo, prácticamente estaba en la miseria. En la par- tición de bienes conyugales la pobre venezo- lanita solo recibió un inmueble en la tierra del Cid, cuya hipoteca tenía un valor superior al del inmueble, y que sabiendo, como en efecto lo sabemos, la avaricia de los banqueros de esa península europea, lo que recibió de bienes conyugales fue un contrato de esclavitud indefinido hacia los bandoleros bancarios, es decir, no recibió nada útil, sino sólo deudas. Sus hijos, favorecidos por la ayuda de los abuelos de la parte paterna, convivían con su padre, olvidándose en parte de su atribulada madre, para poder seguir la corriente a su patológico progenitor y seguir gozando de algunos beneficios, al menos hasta que se valieran por si mismos. ¿Cuál sería el desenlace de ese aparente feliz casorio, en ambiente medio loco, allá en los campos de la bella Universidad Simón Bolívar?. Por un lado una ex-esposa en la ruina, sin ni siquiera con recur- sos para regresar a la tierra venezolana que la vió nacer, un ex-esposo, rabiando a más no poder porque tenía cerca a los hijos que le obligaban a tener moderación y dejar la vida de libertinaje; un padre árabe, triste seguramente, influenciado negativamente por las apariencias contrarias a la realidad, una noble y abnegada madre, fallecida tal vez, en parte, a causa de los disgustos que nos dá la vida; unos hermanos posiblemente angustiados por tener una oveja negra en la familia que se llevaba los beneficios que obtenían ellos con su propio esfuerzo, sin apenas ganárselos, y unos hijos, inmaduros, que se tenían que dejarse llevar por la fuerza del Destino, que en su caso los hacía impotentes.

Mi único propósito, amigos lectores, al relatarles ésto, es ponerles sobre aviso en cosas que nos presenta la vida, y que pareciendo la gallinita de los huevos de oro, al final resultan ser huevos de zamuro. Cuando lleguemos al punto crítico de nuestra proyectada explicación de la Cuarta Dimensión, serán ya capaces de entender ésto y mucho más.

30

Casualmente, mientras escribo, se me ocurre mirar la parte inferior derecha de mi computadora, y observo que hoy es lunes. Dicen que hay que comenzar la semana bajándose de la cama con el pié derecho, porque así la buena suerte nos acompañará durante al menos siete días. ¡Boberías!, ¡Quién va a creer en la mala suerte!. La buena o la mala suerte se

la crea uno con su conducta adecuada o incorrecta, y yo siempre pienso que hago lo correcto,
luego es indudable que debo tener buena suerte.
Para demostrarlo, se me ha ocurrido escribir
este librito, detallando algunas de las cosas que
yo hago, que veo hacer, o que sé que los demás
hacen aunque yo no los vea. Seguramente mis
lectores, que estoy seguro que son poquísimos,
porque este libro es muy bueno, (lo dice un
autor ególatra, no le hagan mucho caso), y las
cosas buenas, por su abundancia ya no le
interesan a casi nadie, si llegan a estar convén-
cidos de lo que digo, cuando lo terminen de leer
detalladamente en su oficina o en su fábrica, ya
que estos son los mejores sitios para leer,
(siempre que le quitemos la carátula a un libro
técnico y se la pongamos a éste, pues así los
patronos creerán que nos estamos ilustrando
técnológicamente), posiblemente le habrán encontrado alguna utilidad subyacente.

Y ya que estamos hablando de fábricas y
oficinas, será bueno eliminar las suspicacias
explicando el comentario que dió origen al texto
entre paréntesis del párrafo anterior. En ningún
momento he intentado fomentar el desorden en
el trabajo de cada lector, ¡Dios me libre de tal
cosa!. Todos sabemos que los únicos autoriza-
dos por la ley para realizar tal acto son los
sindicalistas, los cuales, ¡pobrecitos!, tienen
que hacerlo para justificar que lo son. La mayoría de ellos son honorables personas que
padecen de serios problemas físicos, unos son
cojos, otros son tuertos, a otros les falta una

mano, y hasta las dos, otros padecen trastornos digestivos que les llevan al sanitario cada unos pocos minutos, etc etc. etc., pero eso sí, no pueden trabajar con el cuerpo, pero sí con sus poderosas mentalidades, dignas de encomio, que nos hacen poco a poco ir alcanzando la meta máxima aspirada por el ser humano: Vivir feliz y contento, en gran abundancia, reposando todo el día en nuestra casa. Y es obvio que para poder hacerlo, los patronos tienen que poner su granito de arena, haciendo el aporte económico correspondiente, lo cual, Yo, Don Fernando Alvarado de los Horrores, tengo el honor de divulgar haciéndolo público a través de este escrito.

Habrá algunas personas que dirán que abuso de hablar en primera persona, lo cual abiertamente los manuales de educación y buenas maneras dicen que es incorrecto. Señores, hemos llegado a un punto clave en nuestra disertación. ¿Para que valen las buenas costumbres en el hablar?. Para nada. El buen hablar no aumenta la productividad en el trabajo, pues lo hace monótono, tampoco las relaciones sociales son mejores, pues cuando yo paso por la esquina de la calle que lleva a mi casa y debo caminar por delante del grupo de personas en edades laborales que se dedican a la muy honrosa profesión de vigilar cuando salen y llegan los vecinos para dirigirse a su o desde su trabajo diario, debo saludar al grupo en ese agradable lenguaje coloquial colmado de simpáticas palabras groseras y obscenas que le dan picante y sabor a la vida, para que sepan que soy como ellos, y por ende no me hagan nada malo.

Por lo dicho anteriormente, Yo sigo hablando primero de mí, y si hay oportunidad para otros, pues bien, se la daremos con posterioridad. ¡Dejémonos de mojigaterías!. Pido las más profundas y amplias disculpas por no usar en este contexto literario tales encantadoras palabras, pero no puedo convertir este texto en un tratado de lexicografía ortodoxa, pues se saldría de su objetivo.

Vivo en un país realmente bello, colmado por la naturaleza de los más bellos paisajes, de las más bellas mujeres, y del mejor ron y café que pueda probarse. Con esos datos ya saben ustedes de que país hablo, pues no hay otro en el mundo que reúna todas esas cosas... sin embargo, amigos míos, compatriotas... lamentablemente el nivel de miseria es realmente alarmante, pues el dinero, (y desde luego hay mucho), lo tienen sólo unos cuantos, y a la primera oportunidad lo envían al exterior para crear fuentes de trabajo fuera de la patria donde mal nacieron, pero si les llena los bolsillos.

Ustedes dirán: "Bueno y este tipo, ¿para qué nos dá tantos aspavientos?, ¿qué nos querrá decir?, seguramente es un aprendiz de periodista malo que se consiguió un amigo editor que le está haciendo el favor por puro compromiso. Y yo les digo: --Piensen ustedes lo que crean conveniente. Estoy completamente seguro que ni uno solo de ustedes será capaz de descifrar lo que yo quiero decir, pues cansado en mi larga vida de leer libros esotéricos, de alquimia, y otras hierbas, aprendí a escribir en lenguaje cabalístico que únicamente pudiera entenderlo el mismísimo Merlin. Pero no importa, algo saldrá a la luz, aunque sea filtrado por un pequeño orificio que tenga la virtud de invertir la imagen.

Ya, para concluir con este fastidioso número 30, el cual no es primo, ni mío ni de ustedes, recuerdo que hace muchos años, en mi época de estudiante nocturno, (porque sepan ustedes que como yo fuí muy travieso de pequeño, mis padres me castigaron no dejándome estudiar más y me pusieron a trabajar, hasta que yo, ya de grandulón decidí trabajar de día y estudiar de noche, por lo que este relato lo hago desde esa perspectiva. Había estado preparándome para un examen, en compañía de otros alumnos, hasta altas horas de la madrugada. Exactamente las Tres a.m. Yo pasaba frente al Liceo Gustavo Herrera, en la Avenida Libertador. En aquella época había un rayado frente al Liceo, y un semáforo, cuya finalidad era la de permitir el cruce de la Avenida a lo estudiantes de ese plantel, ya que no había cruce de calles de ningún tipo, es más, existía una isla en mitad de la Avenida, justamente en el rayado y el semáforo. Yo transitaba en mi vehículo Nissan Patrol, y al llegar a dicho semáforo sin cruce, éste se puso rojo, (tal como dije, eran las tres de la madrugada); de momento me detuve, pero al ver que se prolongaba innecesariamente a esa hora, y que además tenía otro vehículo detrás del mío, arranqué suavemente y seguí. No hacerlo, en esas condiciones, hubiera sido realmente estúpido, pues las leyes y reglamentos se hacen para beneficiar al ser humano y nunca para esclavizarlo obligándole a hacer estupideces. Cual sería mi sorpresa cuando el vehículo tras de mí acelera por mi derecha y me hace señas que me detenga. Era una patrulla de tránsito, a las tres de la mañana, buscando infractores a cualquier costo, para amenazarlos con ponerlos una multa y remolcar el vehículo. El que fungía de jefe me dice: "Ciudadano, usted ha cometido una grave infracción de tránsito debemos remolcar su vehículo, bájese del carro.", a lo que yo respondí: "Si quieren llevarse el carro, háganlo, pero a esta hora de la madrugada no salgo de mi vehículo, remolquenlo conmigo dentro". La respuesta fué: "Ciudadano, no se pueden remolcar vehículos con ciudadanos dentro; debe salir". Lo mejor que se me ocurrió decir fué ésto, ya lleno de rabia y con ganas de matar a aquellos perros: "Agente, no tengo ni un céntimo, si tuviera plata no sería estudiante a la vez que trabajador". Los matraqueros, al ver que no había forma de sacar dinero optaron por dejarme ir. Pero esto ocurrió hace más de cincuenta años. Lamentablemente, ese incidente, hoy día, en nuestra sociedad, es una auténtica mojigatería, en comparación con las cosas que ocurren amparados por las leyes pre-fabricadas para unos cuantos enchufados ricachones.

31

Llegas a tu casa, son las ocho de la noche, cansado del arduo• trabajo de todo un día, piensas que al menos, antes de acostarte, podrás disfrutar viendo un canal de televisión con alguna película o programa ameno. Te sientas frente a tu televisor, lo prendes con el• control remoto, y te arrellenas en tu sofá o cualquier otro lugar que tengas para reposar mientras disfrutas de la TV. Después de varios intentos, en una de las emisoras empieza una película de tu agrado. Pasan El nombre, los artistas que han intervenido y... cuan-do apenas ha comenzado... un corte: propaganda sobre pasta • dental, hamburguesas en un expendio, una marca de carro con aviso de una superpoderosa potencia que es capaz de subir verticalmente por• las paredes de una montaña como si fuera una cucaracha, al final, allá arriba, recibes telefónicamente una llamada desde otro continente que te obsequia un descuento si lo compras antes que termine el mes. Veinte anuncios más... y vuelve la película que habías empezado a ver. Haces algún esfuerzo para recordar cual es su nombre, pues el tema todavía no se ha desarrollado. En tu mente hay una mezcla de hamburguesa, automóvil cucaracha, premio telefónico y por supuesto, la película. Lo que menos ha quedado hasta ahora en tu cerebro es el tema cinematográfico. Bueno, seguimos. Empieza a desarrollarse el dicho tema, el• cual es bastante agitado. Varios asesinatos antes que sepamos de qué se trata, unos cuantos desnudos de revista porno-gráfica, con actores de amplia dentadura pos-tiza... y otro corte para anuncios. Han transcu-rrido escasamente diez minutos de película, y ya van como treinta de anuncios comerciales. Persistes, con constancia propia de• un nave-gante del siglo XV, para así seguir la trama de lo que parece interesante. Cuando vuelve el desa-rrollo cinematográfico, como los• anuncios co-merciales te disgustan, has quitado el sonido, y te has puesto a pensar en tantas cosas que lleva uno en la mente, sobre todo después de un día agitado en el ambiente citadino, que-dando en • ese estado de semi-vigilia en que se va perdiendo la conciencia de lo que nos rodea hasta que se cae en profundo sueño. Pero tú, gracias• a Dios no has caído en ese sopor aún. Afortunadamente levantaste la• vista y viste algo que se movía en la pantalla. Tratas de averiguar • qué es lo que ves... y de pronto recuerdas que estabas viendo una pelícu-la, y que hace un rato que ha empezado nueva-mente y por • haberte distraído no has podido seguir la secuencia de la trama. • Abro el so-nido, y recordando ligeramente algo de lo que habías ya observado te dispones a presen-ciar otros cuantos minutos de película. Apenas empiezas a darte cuenta de que hay cosas que debías haber • visto para entender lo que sigue... un nuevo corte propagandístico. Tú, que habías estado haciendo de tripas corazón para no lanzar cualquier objeto a la pantalla o buscar el número telefónico de la emisora y proferirles algún insulto, te llenas de ira. Por un momento casi pierdes el control... y apagas el televisor. Afortunadamente recuerdas que en tu casa hay sistema de recepción por satélite, y entonces empiezas la nueva búsqueda de otro programa, generalmente • de otro país, que no tenga cortes comerciales. En realidad si los hay, pero muchos de ellos, debido a las aún existentes fallas tecnológicas, de pronto se congela la imagen como dando tiempo a que el sonido pueda alcanzar a la onda de video. Esto no tendría importancia si fuera una o dos veces cada media hora, pero lo malo es que en algunas emisoras ocurre cada quince segúndos. Bueno, al fín y al • cabo, te consuelas, esto es mucho mejor que la propaganda.

Esta es una historia de todos los días, lunes a domingo y enero• a diciembre, no hay escape. A veces te obstinas tanto de la futilidad de los programas televisivos, que decides guardar silencio, arrellenado en tu sillón o mecedora, tratando de pensar en cosas trascendentales. Sin embargo, descubres que no te puedes concentrar, • un lejano ruido como de tambores africanos (convertidos en cubanos, y hoy por hoy ya venezolanos), te percuten en los oídos en forma persistente. Tan profundo es el sonido, que a veces notas como retumban o vibran objetos cercanos y hasta el piso. Dentro de esa repetición de bajos molestos, tratas de distinguir una melodía, y ¡Oh, Dios!, lo que perciben tus oídos te llena de espanto: Salsa, salsa y más salsa. La salsa que oyes en todos y cada uno de los autobuses en los que viajas, ya sea el de Caracas-Guarenas, o el de Guarenas-Los Naranjos. Y es la misma salsa que ponen con alta potencia los vendedores de música copiada en todas aquellas paradas de vehículos de los que no puedes escapar si tienes que hacer obligada cola, y es la misma maldita salsa que escuchas en las fiestas de• cumpleaños, de bautizos, de bodas y en las fiestas electorales. La misma salsa que está sonando todo el día en la casa del vecino, en• la bodega de la esquina, en el radio trashumante que lleva un adolescente o un viejo colgando de sus orejas. Hoy por hoy, el arte musical que honraron díg-namente Fray Luis de Victoria, Mozart, Bethoveen, Tchaikowsky y Strauss, Falla, Granados y Rodrigo, Pedro• Elías Gutiérrez y León y Quiroga, el maestro Serrano y Héctor Villalobos, y no digo más para no ser pesado... se ha convertido, por obra y gracia de unos malos músicos incultos y sinvergüenzas,• que ni ellos mismos se creen el valor de tal basura, en el pan nuestro de nuestra cultura musical. Adiós para siempre al joropo• venezolano, al pasodoble español o al tango argentino, y no digamos nada del corrido mejicano que tantas alegrías nos dió de jóvenes, o• la samba brasilera que incitaba al baile, todo ello quedó en el olvido. El bolero ya es un desconocido. Pero lo más grave del caso es que los ineptos que crearon y están desarrollando tal oprobio cultural, como no tienen inteligencia para crear piezas por sí • mismos, simplemente toman el tema de alguna pieza conocida en el pasado, y cuando crees que vas a oir por fín algo que valga la pena, inesperadamente te la transforman en salsa de excremento cultural.

Tristes pensamientos nos vienen a la mente cuando deducimos lógicamente, que si "eso", que no me atrevo a seguir llamando música, se escucha en todas partes, es porque todo el mundo, o al menos casi todo el mundo siente infinito placer en sumergirse en ese lodazal auditivo. ¿Qué podemos pensar de tal gente?. ¿En qué mundo • estamos viviendo, que todos ya dañaron su cerebro perdiendo el sentido de la estética y la riqueza que dá la variabilidad?. Los seres humanos, aquí, se han vuelto autómatas, manejados a control remoto por unos cuantos vivos, estúpidos como ellos, que se llenan• los bolsillos momentáneamente, dañando el patrimonio cultural musical del pueblo en que nacieron, o ¿acaso no serán venezolanos?, posiblemente-sean de paises caribeños, de esos que en un pasado no• tan remoto nos llenaron de guarachas, rumbas, chachachás y otras hierbas, que aunque malas, nunca llegaron a ser tan dañinas y• persistentes como la salsa que mencionamos, pues aquellos ritmos afrocubanos convivían con todo género de piezas musicales, y cuando • encendías una emisora de radio lo mismo podías escuchar una alegre pieza mejicana o melancólica argentina, una romántica puertorriqueña o peruana, o una emocionante y vibrante venezolana o española. Eran• otros tiempos, tiempos en que la gente tenía creatividad, variabilidad de pensamientos, sentido de la estética, de la armonía, del equilibrio. Lamentablemente hoy, parece que todo eso se ha perdido.

Si todo lo que estoy diciendo va en contra de la mayoría de las personas que pululan en nuestro ambiente, ¿quién querrá leer ésto que escribo?, seguramente casi nadie, salvo alguno que otro como yo, tildado de pureto, de tonto y hasta de loco. Pero, no importa, amigo lector, si con lo que ya has leído te has puesto bravo, no voy a• pedirte perdón, desde luego, en el fondo de mi corazón me dás algo de lástima, y cuando lances este libro contra la pared, o vayas a insultar al que te lo recomendó, al menos deja en el fondo de tu• pensamiento una pequeñita duda. Si eres capaz de sentir esa pequeña • duda, sé valiente, y sigue leyendo, pues a lo mejor tú no eres tan• malo como estamos diciendo, a lo mejor de verdad verdad el malo soy yo, pero también pudiera ocurrir que cambiaras de parecer, y con• éso, por muy pequeño que fuera ese cambio... tendríamos esperanzas• de volver a ser los que éramos, sería seguramente el principio de un renacer a la cultura, a lo mejor hasta mejor que la que existió en• el pasado, pues pudiera ocurrir que tú y yo creáramos una totalmente nueva. Y ahora sí, querido lector, perdóname por decir tanta "tontería".

-

32

Cada vez que pasando frente a una librería, o revisando los textos de mi biblioteca me encuentro con alguno de esos libros que han hecho historia, como por ejemplo: El Quijote, La Biblia, las Profecías de Nostradamus, o cualquier otro que por ser popular ha ayudado a cambiar el mundo en una u otra forma, me digo: -"Fernando, tú que te has pasado toda tu vida escribiendo cosas de todas clases, unas veces terminadas pero la mayoría aún esperando el último toque... ¿por qué no puedes llegar a ser una especie de Dalí de la literatura?. A veces las cosas raras le gustan más a la gente que las corrientes. ¿Por qué no lo intentas?. Al fín y al cabo ya debes de estar harto de haber tenido que leer y estudiar esos metódicos textos científicos, sometidos a una rigurosa metodología, con datos, citas, teoremas, hipótesis, leyes y tantas cosas más que debes aprender a soportar, sobre todo cuando tienes que hacer tesis de grado para obtener algún título." Pues bien, parece que he quedado convencido por lo que me ha dictado mi angelito de la guarda o mi subconsciente, como ustedes lo quieran llamar. Éso sí, nada de escribir vulgaridades, no quiero tomar fama escribiendo palabras obscenas como hoy día parece que les gusta tanto a los que usan esos lenguajes en su casa o en cualquier actividad de su vida cotidiana.

Si quiero empezar a escribir en forma estrafalaria, para crear un estilo propio que a lo mejor dentro de quinientos años sea el precursor de una nueva forma de expresarse, debo comenzar desde ahora cambiando muchas cosas. Por el momento empezaría quitando las sangrías, ¿para qué sangrías, si hoy día escribiendo en computadora es más sencillo darle a la tecla grande derecha y pasar a la siguiente línea dando un doble espacio, que es más elegante que usar el tabulador?. Debo ponerle un nombre a mi nuevo estilo literario. Afortunadamente me llamo Fernando, el nombre varoníl que más me ha gustado siempre, y por lo cual le doy gracias eternas a mis difuntos padres. ¿Lo llamaré Fernandismo?, Bueno, por ahora creo que será mejor que no empiece a escribir en el tal estilo, pues a lo mejor me asusto de mí mismo y me detengo en la escritura de estas páginas y que sea la posteridad la que se encargue de darle el nombre a esa aberración literaria que tengo pensado sacar a la luz quién sabe cuando.

Es notorio que en pintura muchas personas se han hecho célebres creando nuevos estilos a veces en las formas más inverosímiles, por ejemplo, el de aquellos que buscan varios potes de pintura de diferentes colores, una pared de lienzo o de verdad, y lanzando los contenidos simultáneamente le buscan un nombre a lo que resulte. ¡Y algunos se han hecho ricos así!. El pintor moderno que más admiro es Salvador Dalí, que en su surrealismo admirable ha hecho cosas maravillosas, y uno de los que menos me agradan Picasso, que a sabiendas de que al principio era un excelente pintor, después hizo lo que yo trato de hacer y le salió el tiro por la culata, por ejemplo: al célebre Guernica no le encuentro ni piés ni cabeza, pero le valió muchos premios. Igual ocurre con la poesía: No es posible que un señor poeta se devane los sesos haciendo un soneto acróstico, con sus catorce versos elaborados con ritmo, métrica, rima y contenido, y apenas salga publicado en un periódico de pueblo, mientras que un fulano que hace versos libres, es decir, pura prosa, diciendo tonterías, sea ensalzado por las multitudes como un dios poeta y aparezcan sus obras en las más célebres bibliotecas del mundo. Esto también se repite en escultura, donde abundan las estupideces que aparentan ser maravillas salidas de la cabeza de un mosquito, y no digamos de la música ¡Dios mío!, en ese arte es la hecatombe, ya nadie sabe qué escucha cuando oye a un Strauss, pero se deleita escuchando los bum bums de los bajos de una charanga antillana que dejó en ridículo a los berridos de algún animal.

¿De que temas voy a hablar?. De todo lo que parezca útil, sea de lo que sea. Obviamente como puntos de referencia debo tomar mis propias vivencias diarias, y que al final me sirvan para explicar mis futuras célebres teorías sobre la Cuarta Dimensión, pero teniendo en cuenta que lo que me ocurre a mi, también le está pasando a muchos, muchísimos más. ¿En qué orden?. Nada de capítulos, todo va a salir a lo loco, así vaya apareciendo la idea en mi mente. Cualquier clasificación del contenido se lo dejaremos a los especialistas infiltrados en las redes sociales o de las empresas informáticas mundiales, que además de infiltrar, filtran los contenidos, que sabemos que lo hacen para espiar a la gente. Debo aclarar que lo que escribo es desde Venezuela, un gran país que nuestros vecinos guyaneses y colombianos han hecho un poquito más pequeño de lo que era. Los colombianos son amigos nuestros, más bien somos hermanos, y lo que se han llevado podemos considerarlo como que se lo hemos prestado a título devolutivo; con nuestros amigos de la derecha no ocurre lo mismo, pues ellos lo han tomado de su papá los reyes de la piratería mundial de todos los tiempos, y seguro que no piensan devolverlo. De todas maneras, no importa, todavía somos muy grandes, tenemos treinta millones de habitantes y podríamos tener el doble sin muchos problemas.

Escribiendo, aquí, en mi computadora, me hago las siguientes reflexiones: Hace algunos años, cuando usábamos la XT, que era capaz de leer un disquete de 1.4 mg. estábamos maravillados, pues dejábamos atrás las obsoletas que apenas les cabía 360 kb. De allí hemos pasado a las 286, 386, 486, 586 pentiun I, pentiun II, etc. etc. etc. Yo personalmente cada vez que aparecía algo nuevo me compraba libros para modernizar o reparar la que tenía en ese momento, y a tal efecto, se le cambiaban algunas piezas, tales como la tarjeta madre, las memorias, etc. Uno en el fondo se sentía un genio de la tecnología, y empezaba a ayudar a los vecinos, a los amigos, y a dárselas de generoso o de buena gente diciendo -"De nada, no me debes nada", cuando preguntaban "¿Cuánto te debo?. En base a esa cuestionable experiencia y a tesón y paciencia, íbamos almacenando programas de todo tipo, siempre más novedosos, más avanzados, y teniendo como es lógico que lanzar al envase de la basura todo lo que olía a disquete, mauses de bolita, (que tanto había que desmontar para limpiar cada dos o tres días). Pero a pesar de ese derroche en el desgaste y modernización de los nuevos equipos siempre nos sentíamos felices porque estábamos al día en la tecnología computacional.

Los vivachos de las empresas creadoras del software, se la pasaban inventando cosas nuevas para que todo lo que teníamos no sirviera para nada, porque los nuevos programas obligaban a tener también sistemas operativos diferentes, y también tarjetas y CPUses más avanzados. Todo eso lo aguantábamos, a veces sin saber que éramos víctimas de los supermillonarios de la PC, y otras, aún sospechándolo, no dándole la suficiente importancia para que eso fuera un quebradero de cabeza. Pero amigos nuestros, (o míos, porque el que está escribiendo ésto soy yo solito), hemos llegado a un punto que ya es insoportable: Si entras en internet se te filtran miles de propagandas que no te dejan trabajar, aunque pongas todos los filtros habidos y por haber, los virus permanentemente te obligan a comprar los antivirus, creados por los mismos sinvergüenzas que inventan y fabrican los troyanos o los atenienses, como quieras llamarlos, y al final no te queda otra, cuando ya tu PC casi no arranca o se ha vuelto loca, que formatear el disco duro, perdiendo todos esos programas que tanto te han costado obtener, pues bien sabemos que hoy día no sirve meter discos que compres, pues sólo te lo venden online, y si consigues uno será seguramente pirata, y el Windows, por orden del señor de los Anillos te recordará que estás haciendo trampa y que debes hipotecar tu casa para comprar un sistema operativo original. Amigos míos, estoy en este momento escribiendo con un Wentanas 8, asociado con un Oficina Walabra que me saca la lengua cada una o dos horas, y tengo que pedirle perdón por haber apretado una tecla más fuerte de lo que Mr. Wentanas desea. A veces, ¡mentira!, con mucha frecuencia, sin pedirme permiso, como lo hacían antiguamente, te apaga la computadora para reiniciar, sin guardar lo que estás haciendo.

Quisiera volver al pasado, usar mi programita Windows XP, y mi Office 98, protegido por mi eficaz antivirus Norton, pero ya es imposible, en este momento tengo una super-computadora de 64 bits que no admite a los pobres, a pesar de que sabemos que a la vuelta de un año o hasta menos mi engreída computadora tendrá que ir a lavarse su cara llorosa por no aguantar la vergüenza al ver algo más novedoso que lo que ella representa hoy. Ustedes verán que algunos nombres del inglés los he traducido al cristiano, eso es debido a que a lo mejor la gente platuda quiera sacar más dinero a costillas del que escribe estos lamentos. Mejor dejamos el tema hasta que aparezcan los nuevos programas de 128 bits, 256, o hasta 512, si fuera posible

Obviamente hay gente, que si no tiene computadora, ésto le importa un pepino, pero es casi seguro que eso ocurrirá solamente en algunos pueblos o aldeas desérticas del inframundo, pues hoy día hay quien tiene en su casa hasta cuatro o cinco computadoras e igual número de teléfonos móviles (o celulares, como decimos aquí en Venezuela).

33

Mirad el Cielo durante una noche estrellada. Volvedlo a mirar en una noche nublada. ¿Véis que son diferentes?. Pero el firmamento es el mismo, tanto en la noche estrellada como en la nublada.

Habéis oído hablar sobre el hombre primitivo. Seguramente escuchásteis sobre su rudeza, su ignorancia, su terquedad y su egoísmo. El hombre de hoy es el mismo de ayer, pues la tecnología ha cambiado el medio que le rodea, pero no su pensamiento.

Los últimos tiempos parecen haber desatado la maldad en el mundo, a tal punto que los hijos matan a sus padres y los padres matan a sus hijos. En todo nuestro pasado también ésto ha ocurrido; solamente que no había medios de comunicación que nos lo hicieran saber. Se asocia la virtud con la honradez, la castidad, la explendidez y laboriosidad. !Cuántos vicios se han alimentado con la apariencia de esas virtudes!.

La competencia a todo nivel, actualmente, es exorbitante. Para • alcanzar algo hay que luchar contra muchas cosas y contra muchas personas. Sólo los más hábiles llegan a la cumbre. !Cuántos crímenes se han de cometer para llegar a esa cumbre!.

So pretexto de alimentar a la propia familia, robamos a las familias de los otros. Si eres ignorante en un arte te llamas aprendiz; si eres aprendiz te llamas maestro, y si ya eres maestro te• jubilas, aunque todavía no seas anciano. En todo tiempo cobras por • lo que podrías llegar a ser en el futuro y no por lo que verdaderamente eres ahora.

ESTUDIOS DEL MÁS ALLÁ

¿Dónde has dejado el verdadero arte?. En el pasado elaborabas • complicados y rítmicos versos anapésticos, dactílicos, trocaicos, yámbicos, anfibráquicos y tantos otros más. Ahora te limitas a poner palabras unas detrás de las otras y a llamarlas poemas.

Y siguiendo con las artes, bien sabes que en el pasado te admirabas que un pintor diera sensación de vida y color a una obra preconcebida rigurosamente. Ahora pintarrajeas algo y le buscas el nombre más parecido a lo que dicen que has dibujado.

Perdiste el sentido del arte en la música, que alguna vez llegaste a• tener y en muy alto grado. Ahora volviste a los comienzos, cuando sólo los tambores y la naturaleza creaban sonidos. !Pobre de tí, te retrasastes diez mil años!.

Aquellas épocas, que no por lejanas fueron peores, cuando Praxísteles creó sus obras maestras, eran mil veces mejores que las ya envejecidas, carcomidas y maltrechas de estética que ahora llamas esculturas.

En esta época de "cultura universal", todavía existen fenómenos prehistóricos de países que desconocen el Sistema Métrico Decimal, y que conducen sus vehículos por el lado contrario al del resto de la Humanidad. El progreso no ha sido uniforme para todos los humanos, mientras muchos estamos en la era espacial, algunos no han • llegado todavía a la del bronce. !Pero quieren ser los amos!.

La gente se sigue matando a nombre de ideales, valores o compulsiones. Hace millones de años, cuando estábamos más cerca de los animales también matábamos, pero para alimentarnos. Ahora lo hacemos por placer. Eso demuestra cuanto hemos empeorado.

Si analizamos lo que es verdaderamente importante, quitando todo lo superfluo, quedaría reducidos solamente a ésto: Hacer cosas buenas, tanto para nosotros como para los demás y alcanzar el verdadero conocimiento, tomando en cuenta que Bueno es todo lo que nos dé al menos un poquito más de felicidad sin quitársela a otro, o también• que bueno es todo aquello que nos hace prosperar sin hundir al prójimo.

En cuanto a lo segundo, el verdadero conocimiento es inalcanzable, al menos con los medios físicos de que disponemos. La evolución del Hombre se ha basado en ir cambiando unas cosas por otras supuestamente mejores, que al final también a su vez han • debido ser sustituídas por otras, otras y muchas otras más, ad infinitum.

Como lo segundo no existe realmente, lo verdaderamente importante en nuestra existencia queda resumido en: Hacer siempre el Bien a Todos. Y esa debe ser la clave de nuestra conducta en todas las cosas en que intervéngamos.

Para poder cumplir lo anteriormente especificado, es necesario que lo hagamos todos simultáneamente, pues de no hacerlo así dividiríamos el mundo en: a) el mundo de los buenos, y b) el mundo de los malos.

Como los malos se aprovecharían de los buenos, éstos no solamente serían buenos sino también tontos, y los malos atesorarían todo aquello que los tontos se dejaran arrebatar. Y ese es el tipo de mundo en el que verdaderamente vivimos.

De lo dicho anteriormente, se deduce, por lógica, que para poder ser buenos hay que eliminar los malos, ya sea física o espiritualmente. Al destruir el mal solo imperaría el bien.

Destruir el mal implicaría, eliminar todo lo nocivo, y como cada persona tiene una parte buena y otra mala, al matar la mala también mataríamos la buena, y al matar la parte buena de alguien, nosotros, los verdugos, nos convertiríamos a su vez en malos.

Vemos, por lo tanto, que eliminar el mal es prácticamente imposible, pues al hacerlo nos destruiríamos nosotros mismos. No nos queda más remedio que convivir con él, tratando de que cada día que pasa se haga más y más pequeño en comparación con el bien que exista.

No todos los hombres y todos los países son iguales. En algunos lugares la vida ha llegado a ser mejor porque el Hombre también ha llegado a ser mejor. En otros lugares la vida es realmente terrible, • porque el Hombre ha llegado también a serlo. Sintámonos pues felices de que al menos estemos en un país o lugar donde el término• medio de ambas cosas sea lo que impere.

Si llegamos a la conclusión de que actualmente no podemos aspirar a la total felicidad, al menos tratemos de sentirla parcialmente, reduciendo los episodios de felicidad a pequeños fragmentos de tiempo, en los que seguramente sí podremos llegar a ser totalmente felices, aunque después de esos segundos felices le sigan otros de • desgracia o infelicidad.

34

Tengo la pluma en una mano. Lo ideal sería el teclado de una computadora, pero el deseo de comenzar estos escritos me ha aguijoneado la muñeca, no teniendo a mano tales herramientas modernas. Pero no importa, pues muchas son las cosas que se escriben en computadoras y no sirven para nada. Prefiero trabajar, si fuera necesario, con petroglifos, pero que puedan ser útiles a algo o a alguien.

Lo primero que llega a mi mente es escribir algo fuerte, estridente, impactante, que llegue al corazón de la gente con toda la intensidad de mis pensamientos. Pero, luego, al tratar de sintetizar ideas, me doy cuenta de que no es lo más conveniente. ¿Por qué?. Son varias las razones. 1.- Muchas de las cosas que se pueden decir afectan a un número demasiado grande de personas, y sabemos, por experiencia, que muy pocas poseen suficiente autocrítica para reconocer sus defectos. Resultado: numerosos enemigos a una cuenta personal, y lo que es peor, sin ningún beneficio para nadie. 2.- Otras muchas cosas que diría, tienen que ver con mi trabajo, con mis ideas políticas, con mis sentimientos más profundos. Los años que he vivido no me han sido en vano. He recibido fuertes golpes y me he acostumbrado a tener que adular al patrón, al jefe de sindicato, al compañero de partido, para no verme hundido en el fango. Una Tercera razón, no menos importante, es el nivel de comprensión de las personas potencialmente lectoras de estos trabajos. Algunas lo harán para vencer el ocio, sin tener preferencia por nada en particular; otras, porque el título de la obra les parece llamativo, algunas más, porque un conocido les dijo: Lee tal libro porque es bueno, es malo, o habla de tal o cual cosa. Algunos más, al saber que un servidor, aunque me ocultara por un pseudónimo, puede descubrir en estos escritos algunas tendencias, que al ser conocidas pueden servir para fastidiarme. En fín, no hay uniformidad en el tipo de lectores. Yo, sinceramente, quisiera que la persona que leyera esta obra fuera; ante todo, honesta, inteligente, comprensiva, con capacidad de mando, no vengativa, y sobre todo con muchos deseos de mejorar el comportamiento humano actual.

¿Será mucho pedir?. Lamentablemente, tengo un criterio pésimo de mis actuales congéneres, y creo saber que no hay muchos con las características descritas, pero tal vez, si lo sean en número suficiente, para apoyarme en parte, y entre todos, ayudar a cambiar el número inmenso de los que no tienen tales cualidades, pues en última instancia, la finalidad de este humilde librito es tratar de que la humanidad sea un poquito mejor.

35

Casualmente, estos últimos tiempos, de ambiente de guerra en Afganistán, Irak, Siria, Libia, Egipto, etc. traen a nuestro pensamiento una serie de consideraciones que deben ser analizadas en profundidad, y no superficialmente. Un avión primero, que parecía accidente, un segundo accidente, que demostró que no lo era, y un tercero que indicaba de donde venía el ataque, dejó un saldo triste de gente inocente muerta en cuestión de minutos. ¡Cuántos sueños se derrumbaron en un santiamén, cuántas esperanzas truncadas en una ínfima fracción del tiempo!. Esposa y esposos sin sus parejas, hijos abandonados, condenados a la orfandad, niños comenzando a vivir, abrumados por una impensada carga de muerte y desolación. Y lo peor de todo, seres inocentes, que no merecían tal suerte en su gran mayoría. Pero éste es un hecho que se ha repetido incansablemente en la historia de la humanidad. Unos cuantos jerarcas, dotados de mando, han iniciado la cadena sin fín de un supuesto cumplimiento del deber. El soldado, que es reclutado por la fuerza, y obligado a servir en el ejército, como el caso de cierto célebre boxeador, y el oficial, que orgulloso de su uniforme obliga al recluta a incinerarse en la batalla, a pesar del miedo que él mismo pueda sentir, así hasta llegar a los primeros, los que dan la primera orden de ¡atacar!. Esos son los verdaderos asesinos, los demás, el pobre pueblo, simplemente ha sido obligado, por las buenas o por las malas, a obedecer, matando a seres humanos que ni siquiera conoce.

Cuando en Hiroshima y Nagasaki, unos pilotos, angustiados por una supuesta obligación de cumplir una orden, asesinaron en un sólo instante a más de doscientas mil personas, la gran mayoría inocentes, al igual como lo podrían haber hecho con los honestos habitantes de Nueva York o Washington, si hubieran sido también asesinados a su vez, masacrados en función de unos ideales poco comprensibles para todos ellos, y éstos, aún sin saberlo, habiendo puesto en marcha la más horrenda y desproporcionada maquinaria de un crimen organizado políticamente, asesinando a tantos y tanto civiles totalmente inocentes, cuya única culpa era haber nacido en paises dirigidos por criminales en potencia. Miles y miles en Japón, otros tantos en Vietnam, igual número en Irak. Millones de palestinos desplazados, de los que algunos, que en muchos casos solamente eran niños, mujeres o ancianos, peleando con piedras, tratando de recuperar sus hogares, han sido muertos, asesinados vilmente, por las armas automáticas de los soldados judíos, que tampoco desean matar, pero que son obligados por sus despiadados superiores, a cometer tal barbarie. En tales casos acostumbramos echarle la culpa a los que en la acción supuestamente cometen los crímenes. La realidad es muy diferente; muchos de esos movimientos guerreros están organizados por quienes menos imaginamos, algo semejante como si el robo de un templo en realidad lo hiciera el cura párroco, cosa que consideramos prácticamente imposible.

36

Hemos llegado al número treinta y seis, casualmente el número de años que según expertos historiadores modernos dicen que murió Jesucristo, a pesar de que tradicional-mente le asignaban siempre el número 33. Por ser ese un hecho tan importante en la historia de la Humanidad, lo tomamos, y no por casualidad, para iniciar la descripción de nuestras teorías de la Cuarta Dimensión que también creemos son importantes. Es decir, cambiamos la tradicional cifra de 33 por la nueva de 36, al igual que las viejas creencias sobre el cuerpo el alma quisiéramos que se cambiaran por las que emitimos en este libro.

El universo está conformado por fuerzas de toda índole, tanto magnéticas, cósmicas, gravitacionales, o de esa enorme multitud que conocemos ampliamente como las herzianas, ultravioletas, infrarrojas, etc. etc. La gran mayoría de esas fuerzas son aún desconocidas por nosotros, pero, que no las conozcamos no quiere decir que no existan. nosotros mismos irradiamos energía en forma de ondas, cuando pensamos, cuando miramos, cuando hablamos. Cualquier actividad, ya sea cotidiana o esporádica está sometida a ingentes fuerzas de toda índole que producen fenómenos físicos, la mayor parte de ellos aún desconocidos.

Cuando cortamos un árbol, para extraer madera, o para cualquier otro propósito, emitimos ondas negativas, por el hecho mismo de quitar la vida a un ser vivo, y positivas, por la intención de realizar algo beneficioso. Cualquier objeto, una silla, por ejemplo, desplazada en un rincón de nuestra sala, está conformada por una materia, que aunque carente de la vida que poseía cuando era una planta, está conformada por infinitud de moléculas que en una u otra forma son portadoras de energías similares a las del universo total. Cada vez que nos sentamos en ella, hay una interacción entre la energía depositada en la materia de la silla, y la nueva que aportamos con nuestro cuerpo. En esa forma, se va creando un gran historial de sucesos, a través de la existencia de ese mueble, que es producto de la mezcla e interacción de todas las energías de las personas que se han sentado en esa silla, han pasado cerca de ella, la han mirado, o simplemente, a distancia, han pensado en ella.

Es obvio, que si cada objeto almacena energía producto de su propia relación con el mundo, ya sea personas u objetos, no existen dos sillas iguales en el mundo, pues cada una de ellas, aunque tengan la misma forma, madera del mismo árbol, o hayan permanecido en un lugar similar dentro de diferentes ambientes, son tan diferentes unas de las otras como son las personas entre sí, los animales de cualquier especie y las plantas, sea cual fuera su clasificación. Estas características, propias de cada ser u objeto existente en el universo, para que sean efectivas, tienen que tener un sistema de almacenamiento, de relacionarse unas energías con otras, y una forma particular de emitir el producto de tales mezclas o interacciones.

Nosotros, como seres individuales, estamos conectados al mundo, y formamos parte de él, integrados a través del inmenso número de fuerzas, de diferente cualidad y especificidad, que en realidad, nos hacen formar parte de un ente energético universal único. Dentro de ese producto integrado de fuerzas individuales, ya sea personales, de objetos, o de animales y plantas, hemos forjado un algo particular que podríamos denominarlo de muchas formas, tales como unión energética, materia ultrafísica, espíritu, o alma. Ese producto, que para facilitar la explicación, denominaremos con el muy conocido de espíritu, es individual, porque es propio de nosotros mismos, pero también es universal, porque forma parte del Todo. Y aquí estamos llegando al punto álgido del tema: Cualquier objeto también lo tiene, porque lo que determina su existencia no es lo que nosotros denominamos vida, sino la interacción entre las fuerzas que se han ido almacenando, interaccionando con la ya existentes previamente en cada ser u objeto. Así como una persona tiene su propia historia, y un cúmulo energético que denominaremos espíritu, igualmente, un objeto cualquiera, ya sea una silla, una mesa, una roca o un vehículo, también lo tienen, porque lo que dá vida al universo no es la individual de cada objeto o ser, sino las diferentes formas de aglutinarse las fuerzas energéticas del Cosmos.

Tomando en cuenta, al pié de la letra, por el momento, tales aseveraciones, es lógico pensar que todo lo que existe tiene su propio espíritu, aunque carezca de lo que nosotros llamamos vida, pues vida y espíritu son cosas totalmente diferentes. Prosiguiendo con la explicación, de ésto, que parece muy complicado, pero que en realidad no lo es en absoluto, podemos determinar, sin lugar a dudas, que todo lo que existe tiene su propio espíritu, que a su vez forma parte del espíritu universal. Todas las escuelas esotéricas determinan que: es el espíritu el que determina la vida y sus acciones, luego independientemente de que exista o no la vida, el espíritu sigue siendo el responsable de las acciones, vitales o energéticas de todo lo existente.

Siguiendo con el objeto del ejemplo anterior: Una silla no puede carecer de espíritu, aunque no le veamos una vida conformada por el funcionamiento de sistemas biológicos, pero ese fragmento de espíritu universal, determina la existencia de un conjunto de fuerzas energéticas experienciales, interactuadas, que permiten deducir que la silla tiene su propio espíritu, tal como dijimos con anterioridad, formado por el cúmulo de relaciones con el medio energético en el cual se ha visto inmersa.

Tal vez esto que decimos no tiene mayor importancia tratándose de un objeto en apariencia irrelevante, que a lo sumo podría determinar que una silla ceda su estructura ante una persona con energías contrarias a las almacenadas en su centro energético, cosa que no ocurriría cuando el que se sienta sea acorde con tales tendencias energéticas; pero si puede tener más importancia si estamos hablando de un espejo, y mucho, muchísimo más si se trata de un automóvil.

El espejo, tiene acumulados en su centro energético, (no en su materia), todas las visualizaciones captadas por entes que emitieron ondas de diferente cualidad, y en diferente cantidad. El espíritu de un espejo, que insistimos en decir que no tiene vida, para no alarmar la aparente sensatez del lector incrédulo, posee un cúmulo de ondas de todo tipo, captadas durante su permanencia en los diferentes lugares donde ha sido colocado. El vehículo, merece un estudio aparte, pues es algo más complejo que el de un simple objeto inmóvil.

En definitiva, para no alargar demasiado esta reflexión, queremos concluir que consideramos, a pesar de que parezca una locura, propia de una mente alucinada, que todas las cosas que existen tienen espíritu, tengan o no vida aparente, y que cada una de ellas acumula experiencias que determinan que la irradiación que producen en un momento determinado, sean responsables de cosas que nosotros, por no comprenderlas se las atribuímos a la simple casualidad, o a otros factores ajenos. Esa es en verdad cierta forma de vida, vida universal, pero también vida individual, no tan notoria como la biológica, pero vida al fín, capaz de emitir conductas energéticas que en muchos casos afectan la misma materia de las cosas.

37

Las fuerzas universales ocupan casi todo el espacio existente en El Todo. La materia, apenas una casi infinitésima parte. Por muy poderosa que pueda llegar a ser en un momento específico una porción de la materia del universo, la parte energética, que podemos también llamar espiritual, es mucho más poderosa, y obviamente es capaz de dominar cualquier intento físico material. Nuestro mundo más próximo, aquel que creemos tocar y ver, al ser sometido a un proceso experimental de aumento constante, nos permite ver que las partículas verdaderamente materiales son tan escasas como escasos son los espacios ocupados por los astros en la infinitud universal. Ese espacio, aparentemente vacío, que ocupa la casi totalidad del Cosmos, en realidad no es vacío, sino que está ocupado por los infinitos tipos de ondas de toda índole que no solamente lo atraviesan, sino que están en muchos casos fijados permanentemente, en forma de energía estática. Esas dos grandes formas de energía, la dinámica y la estática, son las responsables de casi todo lo que ocurre en cualquier parte del Todo, y que pueda afectar a cualquiera de los infinitésimos miembros que lo conforman.

Hasta el presente, son muy pocas, relativamente, las fuentes de energía conocidas, y sus características casi desconocidas. Sin embargo, nosotros, los pobladores de esta pequeña fracción universal que llamamos Tierra, estamos permanentemente influenciados por lo invisible que nos rodea. Hay algunas escasas manifestaciones verificables, con gran facilidad, como la energía que producen las mareas, o las interferencias comunicacionales, atribuibles tanto a la Luna como al Sol. De este tipo de influencias, que podríamos denominar a grosso modo magnéticas, se han orientado los astrólogos para atribuirle a los astros de nuestro sistema la responsabilidad de muchas cosas que nos ocurren. Pero, es obvio, que tanto los astrólogos, como los físicos, no determinan plenamente, y con veracidad, la verdadera influencia de tales elementos en nuestra existencia. Apenas le hemos dado nombre a algunas decenas de fuerzas que creemos conocer, pero son totalmente incógnitas las casi infinitas que aún no somos capaces de detectar.

Cualquiera que diga que estamos en una época de adelantos enormes, en pleno siglo XXI, y que estamos muy cerca de alcanzar el dominio total de muchas cosas, piensen que en cualquier época de la Historia del Hombre, los seres vivientes y pensantes de su respectivo tiempo creyeron que estaban en el momento álgido de su cultura. ¡Cuánta diferencia entre los conocimientos supuestamente grandiosos de la Edad Media con los alcanzados en el siglo XIX, y cuán pobrecitos son los de ese siglo comparados con los actuales!. Igual cosa ocurrirá dentro de cien años con nuestra mara-

FERNANDO HERRERA ÁLVAREZ

villosa ciencia moderna, será casi prehistórica y obsoleta, a pesar que somos capaces de destruir una ciudad en breves segundos. Hagamos una abstracción imaginativa y lógica de nuestra ciencia, suponiendo que no haya sido destruída para tal fecha, dentro de mil años, tratando de vislumbrar los adelantos que podrán existir.

Debemos tomar en cuenta, que estamos hablando de nuestros propios conocimientos, los de los habitantes del Planeta Tierra, ubicados en un momento de su desarrollo intelectual y científico que no tiene por qué ser igual al de los infinitos mundos también habitados por seres pensantes, los cuales podrán estar, o bien tan atrasados que se encuentren en la época en que los trilobites eran la única forma de vida terrestre, o avanzados gigantescamente en lo que pudiéramos ser nosotros dentro de cien, mil, un millón de años en el futuro. Si tomamos en cuenta esta posibilidad, que sentimos profundamente que no es tal probabilidad, sino una realidad ya acaecida y latente a nivel universal, todo lo que nosotros podamos imaginar, y aún lo no imaginable debido a nuestro escaso avance intelectual o científico... en alguna parte del Cosmos ya existe. ¿Ya existe la invisibilidad?. ¡Claro que sí, pero no en nuestro planeta, sino en algún otro astro del universo!. ¿Existe la inmortalidad?. ¡Desde luego, ya en alguna parte del universo, o en infinitas partes de él, ya se ha avanzado tanto, que existe la inmortalidad!. Podemos hacernos miles y miles de preguntas similares, y la respuesta siempre será la misma: SI.

Nos hemos alejado un poquito del tema que origina esta reflexión, con la finalidad de ampliar un poco el basamento de lo que vamos a enunciar, y en lo que creemos firmemente. Esta reflexión tiene el propósito de continuar con lo dicho en la anteriores párrafos. Recordarán que al hablar del automovil, como objeto sujeto a fuerzas espirituales, dijimos que merecía una disertación especial. Pues bien, héla aquí:

Si cualquier objeto conserva una especie de registro histórico de todo lo que ha existido cerca de él, ya sea relacionado directa o indirectamente, un vehículo automotor, como el vehículo que usamos cotidianamente para ir a determinados lugares, que generalmente son repetitivos, más o menos parecidos, con escasas variantes, tales como ir al mismo lugar de trabajo, a la misma escuela, a playas ubicadas en zonas próximas, etc. y que lógicamente, siempre deben ser utilizadas viajando por las mismas carreteras, calles, o plazas... permiten que el objeto móvil que es nuestro auto, acumule las energías de esos lugares por donde circula y las conserve en la memoria propia individual, tanto como en la memoria Universal, que ciertas corrientes metafísicas denominan Registro Acásico. Si tomamos también en cuenta, lo descrito anteriormente, de que las fuerzas espirituales o energéticas son mucho más poderosas que las materiales. ¿Será una locura pensar que un automóvil, que posee una memoria energética propia, en un momento determinado podrá por cuenta propia, utilizando la base de sus propias experiencias almacenadas, sin interacción de su conductor, continuar por el mismo camino que tiene almacenado en sus registros energéticos?. Bien sabemos, que a veces, conduciendo el vehículo, inconscientemente, ya sea preocupados por algún pensamiento que nos desconcentra de lo que estamos haciendo, descubrimos que hemos caminado hasta kilómetros sin haber recordado haber manejado hasta tales lugares, es decir, estábamos inconscientes de tal hecho. Los psicólogos, lo atribuímos, supuestamente, a un mecanismo reflejo producido por el acto repetitivo, pero, los físicos, también creemos que no se debe totalmente a tal cosa sino que también interactúan las energías propias del objeto. En definitiva, las películas de Herby, con su Wolswagen número 53, no están tan lejanas de la realidad, y no son tan fantásticas como nos puedan parecer y divertir.

Pusimos como ejemplo de estas poderosas energías las almacenadas en cualquier vehículo, pero ésto es extensivo a cualquier objeto. ¿A qué creen ustedes que se debe el supuesto poder de los amuletos, creados por brujos verdaderos o farsantes?. El individuo que los crea, debido, ya sea a un acto repetitivo, a la emisión de profundas emisiones energéticas de tipo telepático, o de cualquier otro origen, convierte al objeto en un receptor de ciertas ondas específicas que producen resultados también específicos. Convierten a cualquier objeto, en lo que quieran, igual como nosotros podemos convertir un trozo de hierro en material imantado. Sin embargo, aunque lo decimos en una forma aparentemente muy simple y fácil, en realidad es mucho más complejo, y convertir un objeto en un talismán o amuleto requiere de algunas cosas muy particulares de las que debiéramos hablar en otra oportunidad.

38

A veces, si nos ponemos a reflexionar profundamente, sobre cosas en apariencia triviales, podremos descubrir cosas tan importantes que bien pudieran dejar asombradas a muchas personas. Por ejemplo:

¿Habéis alguna vez visto una silla antigua, fabricada de madera gruesa, unas veces vetusta y otras veces muy elaborada, en la cual una lámina de cuero grueso permite tromar asiento?. Esa es una típica silla, sillón, o asiento, como queramos llamarlo, de la Edad Media, y aunque parezca mentira, existen casas antiguas, castillos usados como museos, o simplemente exposiciones de antigüedades, donde esos asientos pueden observarse, y si olvidamos su valor monetario debido a su antigüedad, podremos fácilmente, y con cierta comodidad sentarnos sin sufrir ningún percance. Tratemos de hacerlo con una silla moderna, que tal vez tenga apenas diez años. Seguramente al sentarnos sobre ella observaremos movimientos de vaivén sospechosos que nos harán movernos con cuidado. Es un producto moderno, al cual le hemos asignado diez años, por decir algo, pero a veces apenas con un año de uso ya no sirven. Los dos tipos de objetos son sillas, el uno fabricado hace varios siglos, el segundo acabado de nacer, y veamos cuán diferentes son en su calidad.

Pusimos un primer ejemplo, utilizando una silla, por la simplicidad del objeto. Para fabricarlos no necesitamos mucha técnica, sino únicamente habilidad y cariño en lo que hacemos. El valor de ese mueble no tiene grandes variaciones, pues por ser algo simple, su valor lo toma, no tanto de su calidad sino de su antigüedad o del precio que le dé la moda. Pero vayamos a algún otro objeto, como segundo ejemplo: una olla de cocinar. Las ollas antiguas, elaboradas de metal, a veces de cobre, por desconocimiento de lo venenoso de tal metal, y muchas veces, la mayoría hechas de hierro, que obviamente, a pesar de ser un metal corrosivo, el uso le permitía protegerse con la grasa acumulada a través de sus diferentes utilizaciones, eran empleadas por nuestros ancestros con una durabilidad tal, que a veces, todavía hoy día, en algunos hogares son usadas como recuerdo de las abuelitas. Tratemos de hacer esa misma gracia con una olla moderna, de cualquier material, ya sea aluminio, latón, o chapa, aunque estén forradas por ese barniz especial llamado teflón o quién sabe qué, que les dá supuesta durabilidad y protección. La mayoría, en poco tiempo estarán desconchadas, abolladas, o agujereadas, y al final tendremos que abandonarlas para sustituirlas por otra nueva o en buen estado.

¿Se acuerdan de esos aparatosos relojes que había que darles cuerda, o moverles el balancín para que funcionaran?. Esos relojes podían tener siglos, y aún eran o son usados. Cumplían la misma función de los modernos, es decir medir el tiempo. Actualmente tenemos muchos que además de dar la hora, tienen cronómetro, son antichoques o contra el agua, todo lo cual se ve muy interesante, pero que en realidad casi nadie utiliza, salvo para ver la hora. Eso aparatos modernos, salvo las marcas costosísimas, que los convierten en joyas, generalmente se dañan con la cosa más simple que pueda uno imaginar. ¿Y aquellos automóviles antiguos, por ejemplo los Pontiac del año 1950, de los cuales mi padre y yo tuvimos uno, que por desconocimiento de lo que era una caja automática en aquellos primigenios tiempos de los adelantos automovilísticos, al pasar a mi poder, después de 15 años de uso continuado, primero por mis padres y luego por mí, descubrimos que se le había dañado la caja automática porque había que echarle aceite hidromático, cosa que jamás hicimos?. Vaya usted a descuidarse hoy día, apenas unas horas, si su caja pierde el aceite, y le tocará pagar los servicios de un aprendiz de mecánico que se las dá de maestro y que le cobrará lo que le costó el automóvil nuevo.

Estas comparaciones entre objetos antiguos y modernos se hace con la finalidad de tomar en cuenta un punto mucho más importante que lo referente a la tal antigüedad. Un objeto antiguo ha tenido la oportunidad de recibir muchas más emanaciones fluídicas que uno recién elaborado, eso le aumenta el valor, no por su antigüedad sino porque constituye un reservorio de mayor información almacenada. Podríamos decir que la mayor resistencia de los objetos antiguos se debe precisamente a eso, pero en realidad, si debemos ser justos, hay que reconocer que en el pasado los materiales eran más toscos, mas resistentes, y por ende más durables y permanentes al uso continuado, por lo que no podemos atribuirles esa cualidad solamente a ser antiguo, sino también a haber sido fabricado más consistentemente.

Son centenares los objetos de uso común que tienen muy escasa vida y que le obligan a ser esclavo de su chequera o tarjeta de crédito, porque usted se acostumbra a ellos, se envicia, y no le duran el tiempo necesario para disfrutarlo. Y no solamente ocurre tal cosa con los objetos, veamos lo que ocurre en computación: algo que ya mencionamos anteriormente. Se refiere al hecho de que de las primeras XT pasamos a las 286, luego a las 386, a las 486, y todos los 86 habidos y por haber, hasta llegar a las actuales, pasando por las P-1, P-II, P-III, PIV, con sus decenas de diferentes sistemas operativos y sus velocidades de sistema desde 8, 16, 32, a 64. Cuando te sentías más feliz con algún programa de utilidades o de juegos, o instructivo, que por decir algo era para un 16, ya no te funcionan en un 32, y mucho menos en el actual 64. Debes arrojar a la basura todo ese material, o regalárselo a un coleccionista de antigüedades, porque nadie te los vá a comprar. Nadie te comprará un mouse de bolita, teniendo los de rayos laser. Este es uno de los poquitos casos en que la técnica de verdad sirvió para algo, porque la bolita de verdad era insoportable con tantas limpiezas que debían hacerse. Ante la incursión de los delincuentes hackers, que no solamente te infectan la máquina con virus, sino que te asaltan lo que tengas en el banco, te encuentras con los miles y miles de propagandas que prácticamente ya no te dejan trabajar en algún proyecto serio usando tu PC.

Todo ésto es producto, no de los adelantos científicos, que tanto cacarean los ineptos, sino del afán de lucro, de enriquecimiento a costa de lo que sea. Se fabrica basura, muy bonita elegante, pero de pésima calidad, para que los idiotas los compremos y los desechemos todos los años, para estar de acuerdo con lo cómplices de la moda que hacen diseños pagados por los usureros de la riqueza empresarial. Cuántas veces no he deseado volver a tener un Pontiac 1950, para malvender al primer tonto el moderno vehículo que poseo, y que me hace gastar más dinero en reparaciones de lo que costó cuando era nuevo. Claro está que los dueños de aquellas famosas y excelentes marcas, ya seguramente fallecieron, y sus descendientes o adquirientes no le prestan respeto a lo que fueron sino a como hacer para vender mucho, sin importar la calidad.

Y para no hacer demasiado larga la lista mencionaremos solamente una cosa más: Los ventiladores de antaño, te duraban toda la vida, pues tenían un huequito por donde se le echaba aceite a una esponjita que permitía, sin abrirlos, hacerles mantenimiento externo, que los hacía eternos. A los ventiladores actuales no les ponen graseras, sino que te obligan a mandar a cambiar las bocinas de los motores, a veces una vez por semana. ¡Que desvergüenza!. Y no podrán decir que es para mejorar el producto en calidad, duración o apariencia, sino solamente porque para vender muchos ventiladores, éstos tienen que dañarse rápidamente.

Aquel que piense que la solución es comprarse un artículo viejo, está bien equivocado, porque ya no les fabrican repuestos, pues a los dueños de las marcas les importa un comino lo que fueron en el pasado, sino como engrosar la cuenta bancaria actual.

En definitiva, esta reflexión, me hace pensar, tristemente, en que a veces el pasado si fué mejor, pues lo que tenemos en la actualidad es una fantasía creada por el repugnante mundo de los negocios, de la usura y del crimen organizado.

39

A la luz de muchas de las cosas que hemos descrito en las anteriores páginas, a título, no tanto de resumen, sino de aclaratoria, vamos a exponer algunos conceptos, relacionados con lo que hemos querido expresar con anterioridad.

Dios: El que hayamos hecho un planteamiento sobre la supuesta divinidad de las religiones, no opta para que en el fondo del pensamiento de cada quien, si lo cree adecuado, pueda seguir respetando esa idea. El Dios supuesto científicamente, o matemáticamente, para ser más precisos, no interfiere con las creencias sinceras en un ser superior que puedan tener los creyentes de cualquier religión, pues son de índole diferentes. Si la creencia en un dios, tiene como finalidad respetar al prójimo, tomándolo como un ser semejante a uno mismo, y que tiene iguales derechos ante todos, bienvenida esa creencia. Lo malo sería convertirse en fanático y cumplir supuestos mandatos, que en verdad, si leemos los textos sagrados con detenimiento, no aparecen realmente ni en la Biblia Cristiana, ni en el Corán Islámico ni en la

Tora judaica, con la finalidad de imponer a sangre y fuego las creencias en seres superiores. Es el hombre corriente, el del pueblo, el de la multitud ignorante que ha desarrollado esos criterios que los llevan a matar a sus semejantes para alcanzar un Edén inexistente. Desde ese punto de vista, la creencia en un Dios, aunque en verdad no exista, tiene la ventaja de servir como moderador, y como ayuda espiritual en los momentos de agobio, pues tener la esperanza de que un ser superior facilitará salir de nuestros problemas, da cierto grado de fuerza, a través de la esperanza.

El Templo. Como lugar de recogimiento debe ser considerado como ideal para calmar en parte las angustias de la vida diaria. Un ambiente serio, silencioso, donde las altas cúpulas nos den la sensación de inmensidad, nos ayudan a creer, al menos en forma provisoria en una esperanza para la Humanidad a través de lo que consideremos nuestra creencia. Esas creencias pueden muy bien, además del concepto ya explicado de divinidad, la de prestarle relevancia al espíritu de seres que nos conste que durante su vida fueron honestos, sinceros, colaboradores, aunque no necesariamente deban ser tildados de santos según el concepto clerical. Podemos tomar como ejemplo el de la invocación mental, a través del pensamiento, y tal vez ayudados por una estampa o una imagen de yeso del eminente doctor José Gregorio Hernández, que sin haber sido nombrado santo por las autoridades religiosas, nos consta que hace y ha hecho cosas propias de seres superiores. La práctica diaria, tenida por numerosas personas en nuestro ambiente nos ha demostrado la realidad de esos actos, que partiendo de un ser espiritual, ya fallecido, han sido capaces de efectuar prodigios no reservados a espíritus mediocres, y que por lo tanto, no solamente merece nuestro respeto, sino que realmente podrá recibir su ayuda para aquel que creyendo en su buena línea de conducta durante sus años de vida material, ha sido capaz de proseguir esa actitud benéfica con posterioridad a su muerte, pues bien sabido es a nivel estérico, que el espíritu de un difunto puede tener poderes impensables para alguien vivo, y que lo que la materia muchas veces no alcanza a realizar, el poder de la energía cósmica, centralizada en un ser de esas características puede conseguir realizar cualquier cosa que inclusive la tildemos de milagrosa. A ese respecto, debemos indicar, que ese poder espiritual no solamente lo tienen los espíritus de los difuntos, pues aún estando todavía viva la materia de su cuerpo, cualquier individuo, de características especiales podrá también ser capaz de ayudar en vida a sus semejantes en los momentos que más lo necesiten, y lo que es más importante, aún sin tener conciencia la persona cuyo espíritu actúa benevolentemente, pues hasta después de su muerte ese ser especial no tendrá conciencia de las facultades que posee su espíritu.

Es importante tener muy bien en cuenta a quien le solicitamos la ayuda espiritual, pues pudiera ser que quien creemos que es un espíritu digno, puede haber sido un falsario durante su vida y sólo podrá provocar males en vez de ayudas. También esa invocación la podemos hacer a los seres vivos, sin que ellos lo sepan. Por ejemplo: si sabemos, y nos consta, que nuestra madre o padre, aún estando vivos, son personas de excelente conducta, incapaces de maldad, y que nos quieren grandemente, al invocarlos, aún sin que ellos lo sepan, podrá su espíritu ayudarnos en cualquier situación perjudicial. Eso se podrá hacer simplemente imaginándolos con el pensamiento, o ayudándonos con una fotografía de ellos. Recomendamos no decir a esas personas sobre nuestra invocación, y mucho menos sobre los resultados, hayan sido buenos o malos, ya que según hemos expresado, hasta que no se produce la muerte del individuo existe cierto grado de disociación entre cuerpo y espíritu, salvo casos muy especiales de personas adiestradas con conocimientos previos. De acuerdo con lo que hemos expresado, es posible pedir la ayuda espiritual de personas vivas o muertas, a través del espíritu de éstas, y la invocación puede hacerse en cualquier lugar apropiado, tal como un templo, la quietud del hogar o en un paraje solitario. De no poder hacerlo en uno de esos lugares lo podremos realizar en cualquier sitio siempre que tengamos la capacidad mental suficiente para concentrarnos en la solicitud.

El Ángel de la Guarda. Este tipo de seres siempre ha existido, creamos en ellos o no, claro está que no son precisamente ángeles del tipo que relatan las religiones. El Ángel de la Guarda de cada quien, generalmente es el espíritu de un difunto que nos quiso mucho durante su vida, o que tomó gran interés en nosotros. Puede ocurrir, aunque no en forma muy frecuente que el espíritu de un ser vivo se convierta en el Espíritu Guardián nuestro, pero no es lo acostumbrado. No debemos preocuparnos por saber quién, desde el Más Allá nos protege, simplemente aceptemos su asistencia, la cual casi siempre ocurrirá sin que le hagamos alguna petición, sino que será por su propia cuenta. Tratar de conocer su identidad puede causar problemas energéticos serios y provocar la ruptura del nexo, siendo sustituído por otro espíritu afín, si lo hay. Una persona puede tener más de un Espíritu Guardián, sin saberlo. Si le hace una petición de ayuda debe realizarla en absoluto desconocimiento de la identidad, pues de no ser así no se cumplirán las normas físicas que se aplican a nivel energético espiritual.

Al igual que existen espiritus protectores, podemos tal vez, no siempre, tener espíritus maléficos que intenten dañarnos. Generalmente hay una especie de lucha espiritual entre los entes de la Cuarta Dimensión que nos tratan de ayudar y los que nos intentan dañar. La existencia de tales entes tiene mucho que ver con el comportamiento particular del ser vivo objeto de esa polémica inter-espiritual.

Aparte de esos generalmente escasos espíritus benefactores o dañadores, existen numerosos otros espíritus, que por no haber tenido suficiente identidad durante su existencia actúan en forma incongruente. Esos espíritus pueden estar conformados por los de animales diferentes a nosotros, o por espíritus de de plantas. Todo ser vivo tiene un espíritu activo, que está permanentemente sujeto a la acumulación o integración de experiencias propias de seres vivos o de espíritus de difuntos. Aunque todos, en general, sin distinción, forman parte de un Único y Total Espíritu Universal, tal como dijimos en otro lugar, a su vez, cada uno de esos componentes puede actuar libremente, de acuerdo con ciertas complicadas normas de tipo físico matemático que definen las funciones ondulatorias de la energía inmaterial.

El Cielo. El Cielo y el Infierno, como tales, verdaderamente no existe, sin embargo, cuando morimos debemos evolucionar espiritualmente en diferentes formas. En algunos casos la evolución hace necesaria una reencarnación en otro ser vivo, y en otros simplemente ejecutar funciones especificadas en la normativa automática que rige la energía espiritual. Esta energía, ya sea la Universal, como la Individual, no está regida por nadie en particular. No existe un Dios que la controle, que la domine. Su formación fue simultánea y espontánea con el transcurso de los hechos acaecidos al Todo.

Las Normas que la rigen no pueden ser alteradas porque todo es eminentemente automático, pero automatizado por máquinas o seres, sino que es una automatización propia, con vida espiritual eterna. Es imposible infringir cualquier norma espiritual, tal como lo hacemos a nivel físico con nuestro cuerpo. Los procesos se desarrollan por sí mismos. Las evoluciones espirituales se basan en metas alcanzadas a nivel individual, que proporciona la apertura de nuevas vías, que no son seleccionadas arbitrariamente por cada espíritu, sino que son asignadas por la Universal que las rige en forma espontánea. Cuando un individuo ha alcanzado el último grado reservado para la paz espiritual, obtendrá una eterna sensación de felicidad en ese ambiente etéreo energético, que sin ser el Cielo, en realidad es muy superior en bondades a éste. Concluir ese ciclo no es fácil. Los procesos inherentes son complejos e insoslayables, pero tarde o temprano en la infinitud del tiempo se logran alcanzar.

Existen dentro de las normas automáticas del Más Allá la posibilidad de realizar ciertos ritos antes de la muerte de quien está aún vivo, y a través de ellos efectuar compromisos eternos, que deben ser cumplidos, obligatoriamente en la nueva dimensión. De no hacerlo, se regresa automáticamente a una condición inicial, en la cual el espíritu pierde, proporcionalmente a la gravedad de lo no satisfecho, parte de lo logrado evolutivamente, retardando, lógicamente su ascenso definitivo a la paz

Eterna. Como ejemplo de tales compromisos, pondremos a continuación, entre tantas posibilidades de contratos espirituales posibles, el de dos seres que decidan unirse en matrimonio espiritual por toda la eternidad. Obviamente que este compromiso no puede ser tomado en broma, o cualquier otro que se le ocurra a las personas que lo asuman. Antes de realizar algún contrato espiritual debe considerarse centenares de veces, pues su no cumplimiento tiene consecuencias terribles a nivel espiritual.

Es fácil comparar la realidad de estas teorías espirituales con ciertos conceptos del budismo y de otras religiones orientales. Indudablemente que en esa parte del planeta, parece que se ha llegado a aproximarse algo más al verdadero conocimiento, aunque en forma imperfecta, ya que en ningún momento han creído lo que nosotros exponemos: Que todo este proceso espiritual está definido en forma espontánea sin que nadie lo dirija, sin un dios quo ordene, ni una máquina computadora que lo analice. Nuestra capacidad cerebral, actualmente no está en condiciones de saber cómo funciona o se ha producido este complejo proceso que se desrrolla a la perfección sin ningún tipo de errores, y con la total imposibilidad de alterar alguna de sus normas.

40

RITO METAFÍSICO DE ALIANZA ETERNA

Aldonza Quijano, ¿Juras ante todas las fuerzas del Universo amar y querer a Alonso, respetarle y exigir que te respete, obedecerle y exigirle que te obedezca, protegerle y exigirle que te proteja, hasta que la muerte os separe, y aún más allá de esta dimensión, en el bien y el mal, en la tristeza y en la alegría, en el triunfo y en el fracaso, por los siglos de los siglos?.

Si, lo juro.

Alonso, ¿Juras ante todas las fuerzas del universo amar y querer a Aldonza Quijano, respetarla y exigirla que te respete, obedecerla y exigirla que te obedezca, protegerla y exigirla que te proteja, hasta que la muerte os separe, y aún más allá de esta dimensión, en el bien y en el mal, en la tristeza y en la alegría, en el triunfo y en el fracaso, por los siglos de los siglos?.

Si, lo juro.

Cada uno de los respectivos ángeles que os protegen, son testigos de este acto, y en el nombre del Señor del Universo, sois declarados marido y mujer, independientemente de cualquier otro compromiso terrestre que hayáis asumido.

Estos aros simbolizan vuestra unión, ponéoslos mutuamente; aunque los perdais algún dia, debeis recordar que esta ceremonia está grabada en los registros del Universo y jamás podreis destruir sus efectos por cualquier circunstancia que pueda acaecer. Os declaramos unidos por toda la eternidad. En este instante debeis proceder a daros el primer beso de amor de vuestro nuevo estado de cónyuges eternos.

---oOo---

HOMENAJE A LAS ARTES VERDADERAS

Es valiente la mirada cautelosa
del que admira de las artes, su belleza,
y es tan grande su pasión maravillosa,
que su pecho se engrandece de nobleza.

Yo recuerdo que en los años de mi infancia
cuando el Dante en su Comedia me insparaba,
alejaban de mi mente la ignorancia
y en espanto del Averno me impregnaba.

ESTUDIOS DEL MÁS ALLÁ

Y aún leyendo los poemas de otro idioma,
traducidos plenamente por un genio,
hoy recuerdo, y el olvido nunca asoma
aunque nunca literario fue mi gremio.

Y a La Barca en el Sueño de su Vida,
me acercaba con el ansia de un demente,
y admiraba su lectura, tan querida,
que al futuro me lanzaba locamente.

Y Espronceda, trovador maravilloso
en su barco de piratas me embarcaba,
mientras lento, pensador muy amoroso
a ese Mundo y su Diablo me arrimaba.

Y esa gracia en su relato de El Quijote
con Cervantes y Lepanto respetando
lo leía admirando el despelote
que el hidalgo en su camino iba dejando.

Y el Gran Poe, en sus cuentos misteriosos,
digna pluma de la mano de un insigne,
me adentraba en el mundo tenebroso
que no hay nadie que al leerlos no persigne.

¡Ay, Zorrilla!, que en Don Juan el amoroso
la pureza en las mujeres destrozaba,
y el fantasma vengador, caballeroso
justiciero del honor se me antojaba.

Y me acuerdo de Velázquez, esos cuadros,
que Meninas de un ayer sobresalían
o de Breda rendiciones, que baladros
de emoción del gran pasado nos salían.

Víctor Hugo, con sus tristes Miserables
la vileza de la gente me enseñaba,
y también que con tesón, insuperables
imposibles con firmeza rechazaba.

Y Tchaikovsky con su lago del Cisnero
que a la Bella dormidora aventajaba,
o esa Quinta Sinfonía, al que entero
con oído placentero me entregaba.

O de Rimsky el Sherezade fastuoso
que mil brujas y hechiceros nos subyugan
con Calendas y princesas que armonioso
en concierto milagroso se conjugan.

ESTUDIOS DEL MÁS ALLÁ

Amor Brujo que de un Falla, con salero
sortilegios y requiebros de gitanas
componía con soltura y con esmero
y al oirlo repetirlo daban ganas.

Y ese Goya que en Madrid del ochocientos
los retratos más horribles nos hacía,
expresando sus mejores sentimientos
que un pasado hacia el futuro predecía.

Y aún hoy día, de un Dalí, sin aspavientos
surrealistas maravillas esbozaba
y al retoque las volvía monumentos
que del arte a la pintura renovaba.

Se ha perdido, todo todo, o casi todo.
Los poetas de verdad casi no existen,
pues pereza en escritorio, doblan codo,
y métrica, en verdad, de hacer desisten.

Los Pintores son banales, chapuceros
que mezclando al acaso los colores
los derraman en el lienzo, por dineros
y resultan adefesios, sin valores.

Son horribles los sonidos musicales
que destrozan los oidos con sus ruidos
que retumban cual tambores infernales
demostrando que las artes se han perdido.

Y el Poeta, que de antaño era querido,
en un simple prosador se ha destacado
aunque Libros Diccionarios han mentido
y sin arte, ni saber, han ensalzado.

No hace mucho en amplísimo concurso
convocaron a quien fuera aventajado
y en los premios demostraron su discurso
de ignorantes en el arte mencionado.

Dios me libre que algún día me premiaran,
pues tendría la vergüenza de mi vida,
y sería cual si a un asno le ensalzaran
admirando la excelencia de su brida.

Dejaremos esta crítica tediosa
empezando a leer lo relevante
el misterio de la vida, que reposa
en cercano Más Allá alucinante.

¿Sóy poeta, o filósofo profano?
No me importa lo que digan en mi audiencia,
Pues la idea es salvarnos del humano
Que destroza la belleza, y su conciencia.

Adelante, mis lectores tan queridos,
Que es de locos escribir como lo hago,
Mas, prefiero parecer un corrompido
A sentirme lisonjeado con halago.

---oOo---

EPÍLOGO

Estamos dando fín a esta obra. Su contenido tal vez resulte polémico. Obviamente la exponemos en la esperanza de que las personas interesadas en estos temas la estudien y lleguen a sus conclusiones personales. Las ideas que exponemos aquí las captamos espontáneamente durante sesiones de desdoblamiento astral de tipo espiritual, durante las cuales se tiene la sensación positiva de dominar todo el conocimiento. Lamentablemente, la mayor parte de esas sensaciones se pierden cuando regresamos al cuerpo, sin embargo, en nuestro caso particular, tuvimos la precaución de reseñar lo poco que nos quedaba del recuerdo que cada una de las numerosas sesiones que hemos efectuado durante nuestra larga existencia, y al final nos hemos atrevido a exponerlas. Nosotros creemos firmemente en ellas porque hemos sido, en forma directa emisarios de ese conocimiento, el cual seguramente es muy similar al que hayan obtenido en el pasado personas dedicadas a esos estudios esotéricos. Es indudable que no podemos exponer la totalidad de todo lo experimentado, al igual que creemos que en otras latitudes tampoco se han atrevido a realizar tal transmisión de informaciones. Hay aspectos sumamente peligrosos si no se manejan con cautela, y por ese motivo es preferible que sigan un poco más de tiempo en el anonimato. Ejemplo de esa peligrosidad es el compromiso espiritual astral que hemos mostrado. Para que se den cuenta de la rigurosa situación de peligro, analicen las consecuencias de incumplir el compromiso de ejemplo, tomando en cuenta que hay cosas mucho más peligrosas que pudimos detectar en forma incipiente, y que definitivamente debemos seguir ocultando, al menos por ahora.

Para finalizar:

Estimados lectores:

Éste es el undécimo libro editado por mí en los últimos años. Dado que a veces la curiosidad incita al lector a investigar en otras obras escritas por el mismo autor, les detallo las características de las diez primeras, las cuales, al igual que posiblemente ésta, pueden ser obtenidas en papel a través de Amazon.

1. "El Club de los Cuentos Vespertinos". Es un extenso texto dividido en cuatro libros, cada uno de ellos dedicado a una diferente forma literaria. El Libro Primero se refiere a Cuentos, que se basan en hechos verdaderos. El Segundo es un resumen de las más importantes poesías escritas entre los años 1950 y 1970. El Tercero trata de algunas cartas de

contenido curioso e interesante, y el último Libro, el Cuarto es un conjunto de teorías filosófico-científicas que ponemos a su consideración.

2.- "Como ser un buen poeta y no morir en el intento". Es un Manual de aprendizaje de la poesía, en forma fácil, sencilla y adecuada a la más perfecta métrica española.

3.- "Cuentos Misteriosos Verdaderos". Conjunto de cuentos de apariencia fantástica, pero basados en hechos reales.

4. -"Manual de Vida para Jóvenes Inexpertos". Es un manual que trata de enseñar a la juventud la forma de eludir muchos de los riesgos que enfrenta la sociedad moderna.

5 .- "La Gran Estupidez Humana". Una fuerte crítica a las formas de comportamiento del ser humano en la actualidad y en el pasado.

6.- "Historia de un Funcionario de Cárceles y otras Historias". La verdad sobre las cárceles y otras historias acaecidas en la actualidad descritas descritas en forma de cuentos para preservar las identidades.

7.- "Misterios que Asustan". Historias del Más Allá, ocurridas verdaderamente al autor y a sus allegados.

ESTUDIOS DEL MÁS ALLÁ

8.- "Siete Estudios de Derecho y Psicología Forense". Manual de Investigación Criminal para estudiantes de Criminología y Afines. Formas de realizar encuestas.

9.- Tratado de la Cuarta Dimensión. Intento de explicar una concepción del mundo, basándose en las ciencias físicas y matemáticas.

10.- Cien y Más poemas de una vida. Colección de poemas escritos en rigurosa métrica clásica, como una crítica a las actuales tendencias al deterioro de las artes en general.

---oOo---

ÍNDICE

www.ingramcontent.com/pod-product-compliance
Lightning Source LLC
Chambersburg PA
CBHW071419180526
45170CB00001B/155